エレクトロニクスラボ

もの仕組みがわかる18の電子工作

著｜DK社　訳｜若林 健一

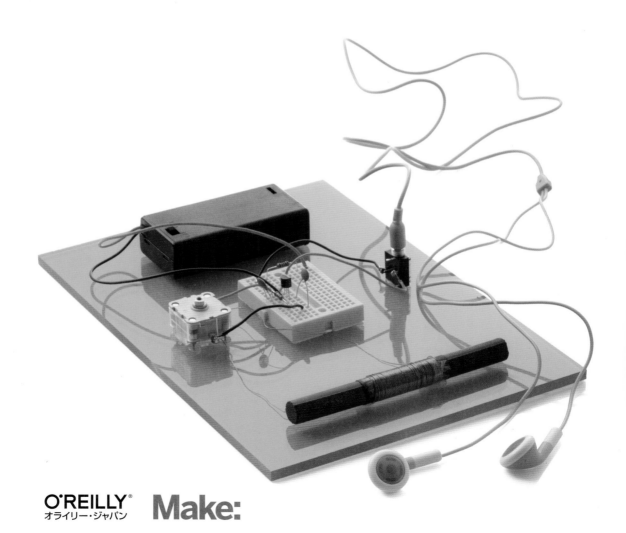

O'REILLY®
オライリー・ジャパン

Make:

Original Title: Inventor Lab
Copyright © 2019 Dorling Kindersley Limited A Penguin Random House Company
Japanese translation rights arranged with Dorling Kindersley Limited, London
through Fortuna Co., Ltd. Tokyo.
For sale in Japanese territory only.

For the curious
www.dk.com

INVENTOR LAB

BRILLIANT BUILDS FOR SUPER MAKERS

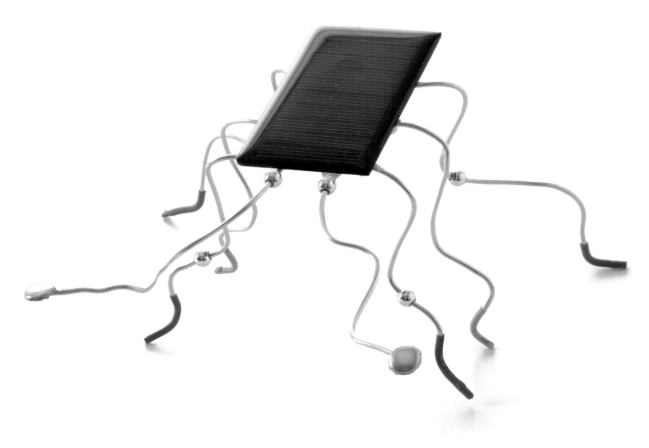

もくじ

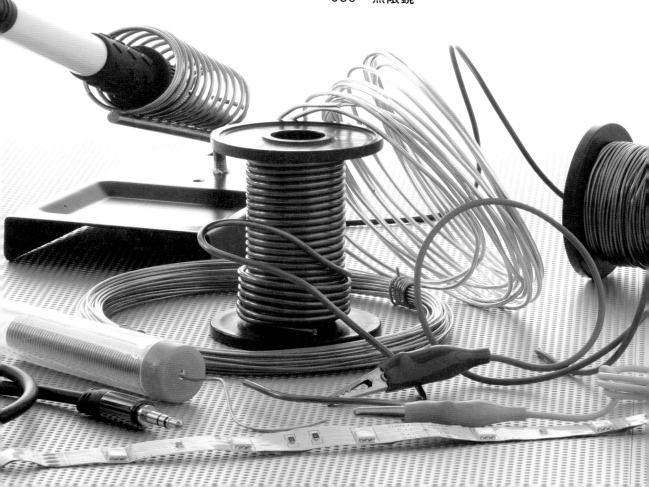

このマークは、安全にプロジェクトを
進める上で注意すべき点を示しています。
自分自身や周囲の安全を守るために
気をつけるべき点については、
8～9ページを参照してください。

このマークは、プロジェクト内の
各手順で必要な技術と、
その技術に関する
説明のページを示しています。

はじめに

ダンボール、セロハンテープ、そして想像力は、メイカーになるための第一歩です。
でも、もっといろいろなことをしたくなるときが来ます。
この本は、そんなみなさんがワクワクするようなものを作り、
さらに新しいものを発明する世界へ出発するために必要なスキルとアイデアをあたえてくれるでしょう。

私は、昔から何かを作ることが大好きでした。子どものころ、本を見ながらいろいろなものを作っていました。はじめのころは失敗したこともありましたが、それでも私は何かを作っている時間がとても楽しかったのです。

もし、私の子どものころにこの本があったら大ファンになっていたと思います。この本には作品を完成させるだけではなく、完成した作品をさらにどんな風に変えてい

くか？ということを投げかけてくれるのです。赤色LEDではなく緑色LEDを使うとどうなる？ 両面テープがない場合、接着剤でも大丈夫？ LEDに電圧制限があるのはなぜ？（答え：過電流を流すと変な音がして動かなくなるため、抵抗を入れなければならないのです！）。作品をより速くするにはどうすればよい？ またはより遅く、より大きく、より静かにするにはどうする？ 銅線をもっと長くするとどうなる？

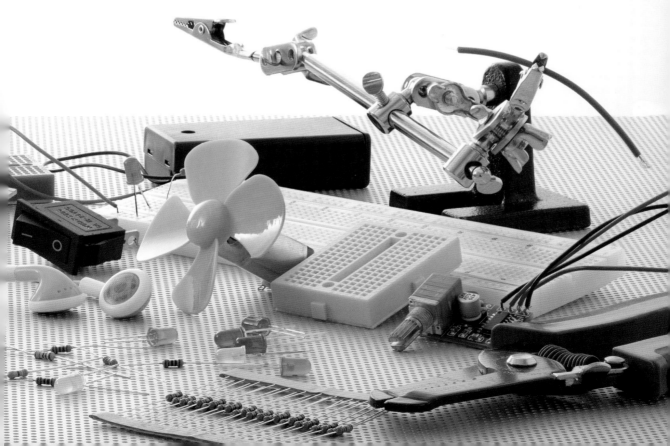

これらのように数えきれないほどたくさんの問いをくり返すことは、ものづくりを学ぶための一番良い方法です。この本はプロジェクトを紹介しますが、それよりももっと大切なことは、「インスピレーション」をみなさんにあたえることです。まずプロジェクトを完成させると、次はそれで遊んだり、改造したり、何かを組み合わせてみたり、もし限界を見つけたら、それを克服したくなるでしょう。これがまさに「説明通りに行う」から「自分で発明する」に変わるときです。本当に楽しいことが始まって、魔法が生まれるときです！創造し、想像し、遊び、楽しむ能力は、発明者、エンジニア、問題解決者としての私の仕事の基本です。それらはすべて、この本のようなプロジェクトを作ることから始まったのです。

ルーシー・ロジャース

安全に作業するために

この本では、たくさんのワクワクするプロジェクトを紹介しています。
私たちはみなさんにそれらのすべてに挑戦し、
楽しんでもらいたいだけでなく、
みなさんがケガをすることなく安全に行えることを望んでいます。
プロジェクトに取りかかる前に、このページの一般的な
安全に作業するためのヒントを
読んでください。

説明書を読もう !

道具、部品、製品の取扱説明書を読むことはとても大切です。製品についている取扱説明書は必ず目を通してください。それらはすべて同じではなく、今までに使ってきたものと今回使うものでは少し違うこともあります。何かわからないことがあれば、必ず大人の人に聞いてください。

やけどに気をつけよう

ハンダごての先端は300℃（約600°F）以上になり、さわるとやけどするほど熱くなります。ハンダ付けしたときに出る煙はのど、鼻、肺に害をおよぼす可能性があるため、ハンダ付けをするときは部屋の換気に注意してください。同じく、グルーガンもやけどの元になりますから、グルーガンの先端にふれないようにして、接着剤（グルー）が冷えるまで待ってください。最後に、熱収縮チューブ（27ページを参照）で火を使用するときは、周囲に燃えやすいものを置かないようにするなど、火の取り扱いに十分に注意してください。

ケガに気をつけよう

この本では、切ったり穴を開ける作業がたくさん出てきます。はさみ、カッターナイフ、のこぎり、ドリルを扱うとき、刃先がすべってケガすることがありますので、十分に注意してください。ドリルで材料に穴を開けるときは、手や髪の毛をドリルビットから離し、千枚通しなどで穴を開ける場所にあらかじめ小さな穴を開けておくなどして、ドリルがすべらないようにしましょう。

保護具を使おう

ハンダを付ける、銅線を切る、ドリルで穴を開けるなどの作業をするときは、空気中に浮遊したハンダを吸い込んだり、銅線や材料の破片が目に入る場合がありますので、保護メガネや防じんマスクを着用することをおすすめします。また、切る作業のときだけではなく、先のとがったものを扱うときも、手を保護するために手袋を着用することをおすすめします。

感電に気をつけよう

この本のプロジェクトの多くは、電池を電源として動くものばかりです。電池を口に近づけたり、口に入れたりしないでください。一部のプロジェクトでは家庭用電源（交流電源）が必要です。交流電源は強いショックを受けたりやけどをすることがあり、場合によっては命を落とすこともあるため、プロジェクトの指示をよく読んで、配線に間違いがないことを必ず確認してください。正しく動作しない場合は、配線を確認する前に、発熱したり燃える可能性があるものをすべて取り外した状態で行ってください。

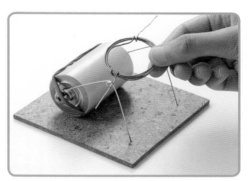

ゴミは適切に捨てよう

不要になったものは、それぞれの地域の分類にしたがって捨てるよう心がけましょう。この本で使用する電子部品の多くは、取り外して再利用できます。プラスチック、紙や、切れた電池はリサイクルできます。金属の板などもリサイクルできます。多くのメーカーは、安全で環境に優しい処分方法を案内していますので、購入する前に確認しておきましょう。少しでもゴミを減らすことがとても重要なのです。

整理整とんしよう

作業場所は常に整理整とんし、清潔にしておきましょう。作業を行っている場所の近くで食べたり飲んだりはしないでください。もし自宅に小さな子どもやペットがいる場合は、熱いもの、とがったもの、電気が流れるものに近づけさせないように注意しましょう。作業が終わったら、ケガをしないように道具、部品や完成した作品を片づけておきましょう。

道具箱

このページには、この本のプロジェクトで何度も
使われるものをまとめています。
たくさんあるので、まとめて「道具箱」と呼ぶことにします。
それぞれについて各プロジェクトの
「用意するもの」セクションでも簡単に説明していますが、
ここではそのひとつひとつについて説明しています。
なお、これらの道具をきちんと整理して保管するには、
本物の道具箱を使うことをおすすめします。

クランプ（スプリングクランプ）

この本では、穴を開けたりのこぎりで切っ
たりするときには、スプリングクランプを
使って固定し動かないようにしています。

銃の形をしていて、引き金部
分を引くとあたためられて溶
けた接着剤がグルーガンの先
から押し出されて出てきます。

グルーガン

グルーガンは熱くなった接着剤（グルー）を溶
かして出すものです。接着剤が冷えて固まるこ
とで、ものどうしをつなぎ合わせることができ
ます。グルーガンの接着剤は棒状になってい
て、グルーガンの後ろから装てんして使います。

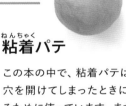

粘着パテ（ねんちゃく）

この本の中で、粘着パテは材料に
穴を開けてしまったときに補修す
るために使っています。また、作業
中に材料を所定の位置に固定す
るためにも使います。

端材（木片）（はざい）

端材（木片）は、穴を開けたりのこぎりを
使うときに、作業場所に傷をつけないよ
うにするのに役立ちます。

接着テープ

接着剤の代わりに接着
テープを使用して材料を
貼り付ける方が簡単な場
合があります。この本のプ
ロジェクトでは、絶縁テー
プ、両面テープ、両面すき
間テープを使っています。

絶縁テープは、電線を絶
縁するときに使います。

カッターナイフ

紙や薄いプラスチックを切るときには、カッターナイフを使います。カッターナイフの刃は非常に鋭利なので、注意して、常に曲尺（かねじゃく：金属製の定規）などのまっすぐな金属をあてて切ってください。

切れ味が鈍ってきたら、刃先が折れるようになっています。刃先を折るときは、必ず大人の人に手伝ってもらってください。

カッティングマット

カッターナイフを使って切る作業をするときは、作業場所の表面を保護するため、必ずカッティングマットをしいて作業しましょう。

清潔で鋭いはさみを使いましょう。

はさみ

カッターナイフはまっすぐ切るのに向いていますが、はさみは紙を自由な形に切るのに向いています。

持ち手のやわらかいものが使いやすくおすすめです。

せんまいどお
千枚通し

先のとがった千枚通しを使うと、プラスチックや薄い木材などに穴を開けることができます。ドリルで穴を開けるときに、穴の中央に千枚通しで小さな穴（くぼみ）を付けておくと、ドリルを固定しやすくなります。

紙やすりにはさまざまな目の粗さがあります。

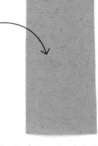

紙やすり

紙やすりは、木やプラスチックなどを切った後の切り口をなめらかにしたり、エナメル線の被覆を削るのに使います。

油性ペン・鉛筆

多くのプロジェクトで、切ったり穴を開けたりするときの目印を付けることがありますので、道具箱には油性ペンや鉛筆を入れておくことをおすすめします。

定規

この本の中では、長さや大きさを測ることがたびたびありますので、定規は必ず用意しましょう。メートル法の目盛りが付いた、丈夫な金属製の定規を入手することをおすすめします。

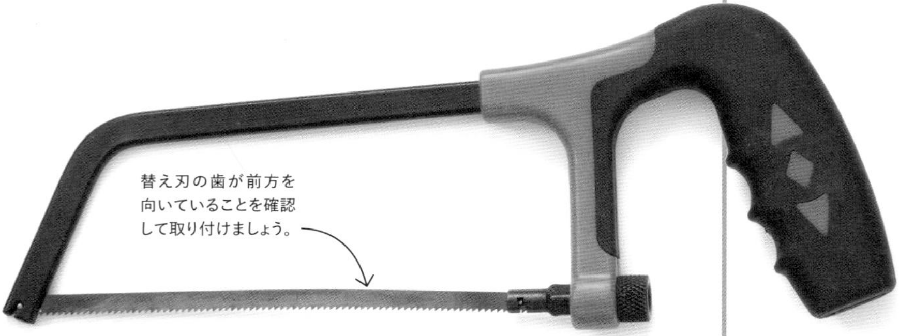

替え刃の歯が前方を
向いていることを確認
して取り付けましょう。

金切のこぎり（金のこ）

比較的小さな木やプラスチックを切るときに
使います。金のこには、切る素材ごとにさま
ざまな替え刃が用意されていますので、目的
にあったものを使ってください。

ワイヤーストリッパー

多くの電線（ワイヤー）は、
ビニール製の被覆でおお
われています。ワイヤース
トリッパーは、電線の被
覆を取りのぞき、中の銅
線部分を露出させて回路
に接続できるようにする
ために使います。

ドリル

ドリルは、先端に装着したドリルビットで穴
を開けます。サイズや穴を開ける対象の素
材によって、さまざまなドリルビットがあり
ます。間違ったドリルビットを使うとケガを
するおそれがあります。安全に作業できる
よう、どのドリルビットを使うのがよいのか
は、大人の人に相談しましょう。

これらのドリルビットは、木材に穴
を開けるように設計されたもので
す。また、やわらかいプラスチック
に穴を開けることもできます。

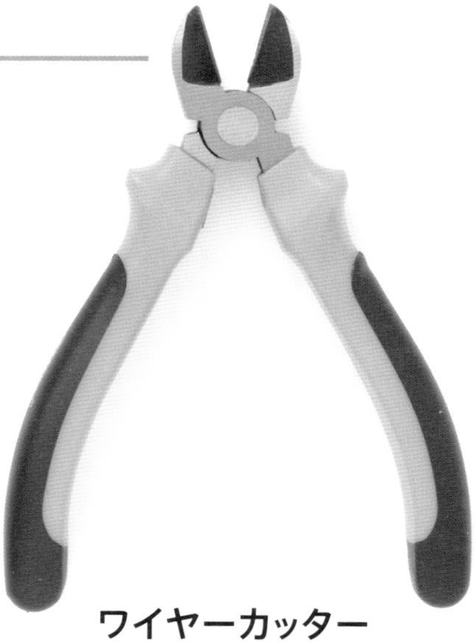

ワイヤーカッター（ニッパー）

電線を必要な長さに切るときに
使います。木材でも薄いものなら
切ることができます。

ペンチ（プライヤー）

銅線の先端と部品の端子を曲げたり、銅線をねじって太い銅線を作るのに使います。この本のプロジェクトでは、先の細いペンチ（ロングニードルペンチやラジオペンチと呼ばれます）が最も役に立つでしょう。

ペンチを使用するときは、常にハンドルをしっかりとにぎってください。

フレキシブルアーム

名前の通り、フレキシブル（柔軟）に動く腕です。ハンダ付けなどの作業のときに、部品を固定することで作業がしやすくなります。ハンダ付けする箇所を見やすくするために、拡大鏡の付いたものもあります。

赤いテストリードを、測定するもののプラス側に接続します。

黒のテストリードは、マイナス側に接続します。

ハンダを購入するときは、無鉛ハンダと呼ばれる、鉛をふくまないハンダを購入してください。

*訳注：無鉛ハンダを使う場合、出力の高いハンダごてが必要となります。必ず60W以上のハンダごてを使用してください。

テスター

テスターは、回路や電池を調べたり、電子部品が機能していることを確認するための道具です。

テスター本体にメインスイッチの付いているタイプのものは、電池を消費しないよう、使い終わったら必ず「オフ」にしておきましょう。

ハンダごて（ハンダ）

ハンダごては、ハンダを熱して溶かすために用います。ハンダは、銅線と電子部品を電気的につなぐことができる合金（金属の混合物）です。

赤と黒のテストリードは、それぞれ長いケーブルでテスター本体に接続されています。

部品

どんな電気回路も、回路内の電流を制御する部品で構成されています。
この本では、さまざまな種類の部品を使用しますが、
それらが何であるか、どのように機能するか、
購入する際に注意すべきことを理解しておくとよいでしょう。

太陽電池にはさまざまな大きさとと形があり、どのような回路で使うかを考えて選ぶ必要があります。

小型太陽電池

電源

電気を供給する方法として最もよく使われているのが電池です。電池の内部では、化学反応により電子を生成することによって電圧を発生させ、これにより回路に電子が送り出されます（30～31ページを参照）。この本の一部のプロジェクトでは太陽電池を使って電力を供給します。電圧の単位はボルト（V）です。

太陽電池は、直射日光またはハロゲンライトの光で最も効率よく発電します。

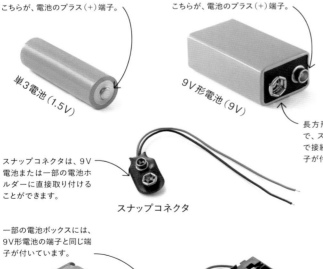

こちらが、電池のプラス（＋）端子。

単3電池（1.5V）

こちらが、電池のプラス（＋）端子。

9V形電池（9V）

長方形の9Vの電池で、スナップコネクタで接続するための端子が付いています。

単1電池は、ラジオやモーターなど、長時間動かす機器に電力を供給するために使われます。

単1電池（1.5V）

こちらが、電池のプラス（＋）端子。

スナップコネクタは、9V電池または一部の電池ホルダーに直接取り付けることができます。

スナップコネクタ

回路に接続する前に、ワイヤーストリッパーで電池ホルダーのワイヤーの被覆（ひふく）をはがす必要があります。

一部の電池ボックスには、9V形電池の端子と同じ端子が付いています。

単3電池2本用ボックス（スナップコネクタ付き）

単3電池2本用ボックス（電線付き）

9V形電池ボックス

コンデンサ

コンデンサは電荷を蓄積するために使用されます。回路に電流が流れるとコンデンサが充電を始めます。完全に充電されると、それ以上電流は流れなくなります。静電容量の単位はファラッド（F）です。ほとんどのコンデンサの容量はごくわずかで、通常はマイクロファラッド（100万分の1ファラッド、μF）、ナノファラッド（10億分の1、nF）、またはピコファラッド（1兆分の1ファラッド、pF）で表します。

可変容量コンデンサは、真ん中についたつまみを回すことで静電容量を変更できます。

可変容量コンデンサ

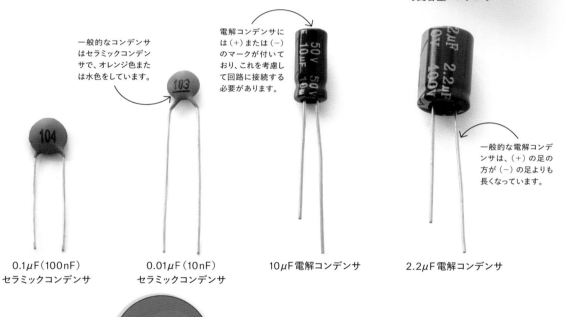

一般的なコンデンサはセラミックコンデンサで、オレンジ色または水色をしています。

電解コンデンサには（+）または（−）のマークが付いており、これを考慮して回路に接続する必要があります。

一般的な電解コンデンサは、（+）の足の方が（−）の足よりも長くなっています。

0.1μF（100nF）
セラミックコンデンサ

0.01μF（10nF）
セラミックコンデンサ

10μF 電解コンデンサ

2.2μF 電解コンデンサ

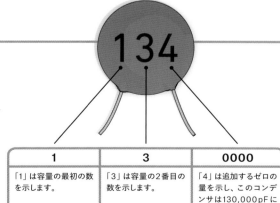

1	3	0000
「1」は容量の最初の数を示します。	「3」は容量の2番目の数を示します。	「4」は追加するゼロの量を示し、このコンデンサは130,000pFになります。

コンデンサの数字を読んでみよう

コンデンサには、実際の静電容量が表示されているものがあります。たとえば、34ナノファラッドのコンデンサであれば「34nF」と表示されます。ただし、ほとんどのコンデンサには数字しか表示されていません。この数字は、ピコファラッド（pF）を基準に静電容量を表現したものです。最初の2つの数字に、3つ目の数字の数だけゼロをつけた値が、このコンデンサの静電容量になります。この数字を1,000で割ればナノファラッド（nF）に変換できます。

抵抗器

抵抗は、回路のさまざまな部分に供給される電流と電圧の量を制御するために使います。たとえば、トランジスタの特定の足に適切な電圧が供給されるようにしたり、コンデンサの充電の速さを制御できます。抵抗器の値はオーム（Ω）で表されます。1,000オームは1キロオーム（kΩ）であり、100万オームは1メガオーム（MΩ）です。

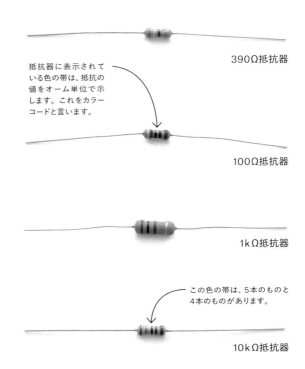

390Ω抵抗器

抵抗器に表示されている色の帯は、抵抗の値をオーム単位で示します。これをカラーコードと言います。

100Ω抵抗器

1kΩ抵抗器

この色の帯は、5本のものと4本のものがあります。

10kΩ抵抗器

フォトレジスタは、当たっている光の量によって抵抗値が変化する抵抗器の一種です。

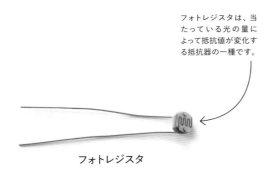

フォトレジスタ

抵抗値（カラーコード）を読んでみよう

右側の図は、抵抗器の4本（または5本）のカラーコードから抵抗値を読み取る方法を示しています。最初の3つの色は基本となる数値で、4番目は乗数を表しています。抵抗器の右端に分かれて表示されている帯は「許容差」と言い、表示された抵抗値がどれだけ信頼できるかを示しています。右の図の場合、抵抗器のカラーコードは黄色、紫、および黒で「470」を表しています。4番目の色は赤です。これは、470に100Ωを掛けたもので、47,000Ω（通常、47kΩと表記）に相当します。最後（5番目）の帯は許容差で、ここでは茶色です。これは、抵抗値が47kΩの±1％以内であることを意味します。

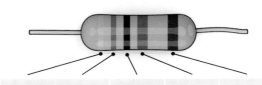

最初の番号	2番目の番号	3番目の番号	乗数	許容差
0	0	0	1Ω	
1	1	1	10Ω	±1%
2	2	2	100Ω	±2%
3	3	3	1kΩ	
4	4	4	10kΩ	
5	5	5	100kΩ	±0.5%
6	6	6	1MΩ	±0.25%
7	7	7		±0.1%
8	8	8		
9	9	9		
			0.1Ω	±5%
			0.01Ω	±10%

トランジスタ

トランジスタには、エミッタ、コレクタ、ベースの3つの端子があります。少しの電流がベースに流れると、エミッタからコレクタへ（またはコレクタからエミッタへ）電流が流れるというように機能します（スイッチ作用）。この機能を利用して、トランジスタを増幅器として機能させることもできます。これは、エミッタとコレクタの間を流れる大きな電流が、ベースを流れる非常に小さな電流の変化で制御できるからです。

*訳注：使用するトランジスタによってピンの順序が異なる場合があります。入手したトランジスタのピン配置を確認してください。

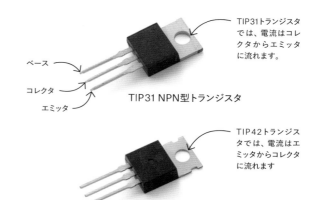

ベース
コレクタ
エミッタ

TIP31トランジスタでは、電流はコレクタからエミッタに流れます。

TIP31 NPN型トランジスタ

TIP42トランジスタでは、電流はエミッタからコレクタに流れます

TIP42 PNP型トランジスタ

スピーカーとイヤホン

スピーカーに電流が流れると、音波として空気中を伝わる振動が発生します。イヤホンには小さなスピーカーが入っています。圧電ブザーは、ブザー音や単音のようなシンプルな音を鳴らすことができます。

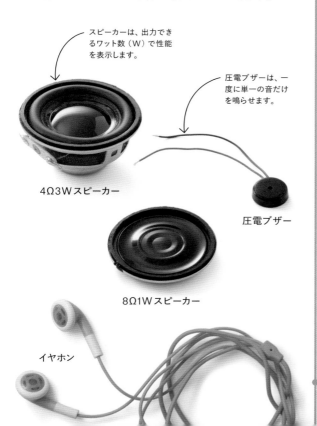

スピーカーは、出力できるワット数（W）で性能を表示します。

圧電ブザーは、一度に単一の音だけを鳴らせます。

4Ω3Wスピーカー

圧電ブザー

8Ω1Wスピーカー

イヤホン

磁石

永久磁石についてはみなさん知っているでしょう。永久磁石は常に磁場を発生し、NとSの極を持っています。電磁石は銅線を巻いたもので、通常は鉄をふくむ物体の周りに銅線が巻かれています。この銅線に電流が流されたときだけ磁場が発生します。

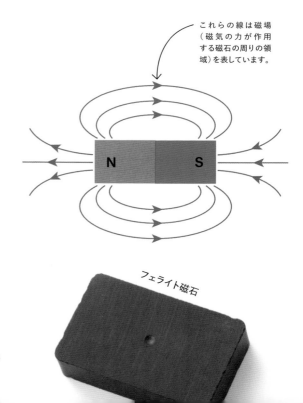

これらの線は磁場（磁気の力が作用する磁石の周りの領域）を表しています。

N　S

フェライト磁石

電線（ワイヤー）

部品間の接続は通常、電線（ワイヤー）で行われます。電線自体は金属でできていて、とてもよく電気を通します。つまり、電線にはほとんど抵抗がなく、電流が流れやすくなっています。電線は通常、ショートを防ぐために電気を通さないプラスチック製の被覆（ひふく）か、エナメル（ラッカー）でおおわれています（38ページを参照）。

電線にはさまざまな太さがあり、AWG（アメリカンワイヤーゲージ）と呼ばれる数字で表されます。

絶縁されていない
太い銅線

36AWGの
エナメル線

28AWGの
エナメル線

回路では、単芯またはより線を被覆（ひふく）したものを使います。

音声情報を運びます。

AUXケーブル

赤と黒の絶縁電線

クリップで簡単に回路に取り付けることができます。

一番よくあるUSBケーブルは、Type-A端子とType-B端子を備えたものです。

ワニ口クリップ付きケーブル

USBケーブル

集積回路（IC）

スマートフォンなどの複雑な電子機器の中には、いくつかの集積回路（IC）が使われています。トランジスタ、抵抗器、ダイオード、コンデンサなどを使った回路が、この小さな部品の中に組み込まれています。この本では、8本足（それぞれに個別の機能があります）の555タイマーICを使用します。また、AMラジオ信号を受信できるTA7642チップを使う作例もあります。

TA7642チップ

足にはそれぞれ、回路内における特定の機能があります。

回路に取り付けるとき、ICのノッチ（切り欠き）が回路のどの方向を向いているかに常に注意してください。

555タイマーIC

モーター

モーターは、電気エネルギーを運動エネルギーに
変換する部品です。モーターの本体内のコイルが、
磁力によって動かされます。モーターごとに必要な
電圧が異なりますので、それぞれのプロジェクトに
適したものを使用してください。

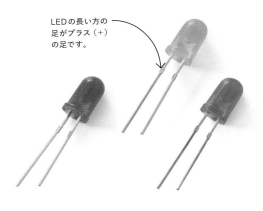

LEDの長い方の
足がプラス（＋）
の足です。

モーターのコイルが回転
すると、モーターの軸（じ
く）が高速で回転します。

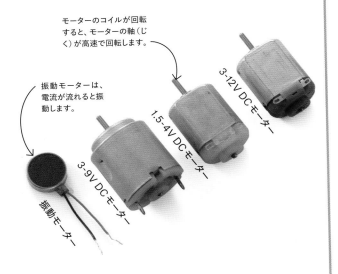

振動モーターは、
電流が流れると振
動します。

3-12V DC モーター

1.5-4V DC モーター

3-9V DC モーター

振動モーター

LED

LED は「Light-Emitting Diode（発光ダイ
オード）」の略です。ダイオードは、電流を一
方向にのみ流す部品です。回路内で正しく接
続する必要があるため、ダイオードにはすべ
て、（＋）または（−）記号が付いているか、足
の長さが異なっています。LED は、電流が流
れると光を発するダイオードです。

単極単投（SPST）スイッチ

スイッチ

スイッチは、回路に開閉できる接点を機械的に付けるた
めの部品です。スイッチを操作すると、スイッチのタイ
プに応じて、回路が開いたり（オフ状態）閉じたり（オン
状態）します。「単極単投」スイッチは、最も単純で一般
的なスイッチで、電流を流したり止めたりします。

単極双投（SPDT）ス
イッチでは、2つの
回路のいずれかひ
とつに電流を流すこ
とができます。

たんきょくそうとう
単極双投（SPDT）スイッチ

双極双投（DPDT）
スイッチは、1つのノ
ブで4つの異なる回
路を制御できます。

そうきょくそうとう
双極双投（DPDT）スイッチ

タクトスイッチは、ボ
タンが押されたとき
のみ電流を流します。

タクトスイッチ

基本となる技術

この本のプロジェクトは、
どれも面白く、楽しいものばかりですが、
作業を進めるには注意が必要です。
楽しく進めるために、安全に作業するための知識や
基本的なスキルを身につけておくことをおすすめします。
これらの道具を使う前や、作業中に困ったことやトラブルが
起こったときは、すぐに大人の人に相談しましょう。

物を切る

はさみは紙や薄いカードを切るのに適しています。厚紙などをまっすぐに切るときには、カッターナイフを使った方がよいでしょう。また、木材やプラスチック、金属を切るときにはのこぎりを使います。どのようなものを切る場合でも、まず鉛筆と定規を使って目印を付けましょう。はさみやカッターナイフの刃は鋭くとがっています。これらを使って作業をするときには、作業場所を整理整とんし、作業に集中して、ケガをしないようにしましょう。

カッターナイフ

厚紙や発泡スチロールを切るときには、カッターナイフ(クラフトナイフとも呼ばれます)を使います。これらのナイフの刃は鋭くとがっているので、とくに取り扱いに注意し、もしカッターナイフでの作業に自信がなければ大人の人にお願いしましょう。カッターナイフの刃は何度も使っていると切れにくくなります。切れにくくなった場合は、大人の人に頼んで刃を交換してもらったり、切れにくくなった刃の部分を折ってもらいましょう。

注意!

作業中にカッターの刃先が折れる場合があるため、カッターナイフでの作業をする場合は、保護メガネと手袋があると安心です。
その他のヒントについては、8ページの「ケガに気をつけよう」、および9ページの「保護具を使おう」を参照してください。

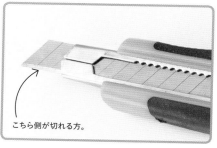

こちら側が切れる方。

1 どちらが切れる方か刃先を確認しましょう。反対側を使用すると、切ったときにナイフがすべってしまいます。刃先を収納できるタイプの場合、あまり長く出しすぎるとぐらついたり折れたりする可能性があるため、あまり出しすぎないようにしましょう。

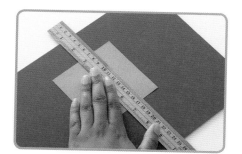

2 切るものをカッティングマットの上に置きます。金属の定規の端を切るところにあて、動かないように端をしっかり固定します。

素材に小さな切り込みを数回入れておくと、切りやすくなることがあります。カッターナイフを速く動かしすぎたり、定規のふちをすべらせないように注意しましょう。

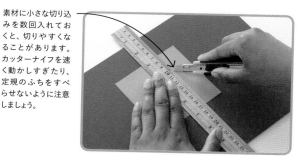

3 刃を下にしてカッターナイフの持ち手をしっかりにぎり、ナイフを自分の体から離し、線に沿ってゆっくりと動かしていきます。

金のこ

金のこは、フレームと刃に分かれています。刃を使い分けることで、木材、金属、プラスチックなどを切ることができます。金のこは前後に動かしてものを切っていきますが、前方向へ押すときに力をかけて切ります。他の切削工具と同様に、金のこも取り扱いを間違うととても危険です。

写真のように端材を使うと切りやすくなり、作業台の表面の保護にもなります。

1 クランプまたは万力を使用して、切断するものをしっかりと固定しましょう。切るものが作業台もしくは端材の端から少し出るように固定します。

金のこをできるだけまっすぐにして切るようにしましょう。

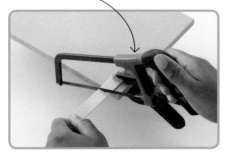

2 刃を体から離すようにして、しっかりと押し下げます。万力がない場合は、切りたいものをテーブルに乗せ体重をかけて固定するなどの安全な方法を試してください。

3 パイプを切断する場合（この本のプロジェクトの1つで行う必要があります）、紙をパイプに巻き付け、テープで固定します。こうすることで、端を平らに切るためのガイドになります。

4 持ち手をしっかりとにぎり、刃を下に傾けます。刃の動きを一定に保ちながら、押し下げます。パイプにみぞを付けるときには、切りすぎないようにゆっくりと切りましょう。

パイプは丸いため、クランプや万力で固定できません。代わりに、片方の手でパイプをしっかりと固定しましょう。

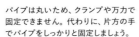

グルーガンを使う

この本のプロジェクトの多くは、グルーガンを使います。グルーガンに専用のスティック型接着剤（グルースティック）を後ろから入れて電源を入れると、グルーガン内部の発熱体がグルースティックを溶かします。接着剤はグルーガン内部で熱せられ、とても熱くなります。そのため、電源を抜いて冷めるまではスティックを抜かないでください。また、グルーガンの電源を入れたまま放置しないようにしましょう。多くのグルーガンでは電源ケーブルが長くないため、作業する場所が限られてしまうことに注意しましょう。

グルーガンの先端と接着剤は高温になるため、
さわらないように気をつけましょう。もしさわってしまったときは、
氷水などの冷たい水の中でやけどした部分を冷やしてください。
その他のヒントについては、8ページの「やけどに気をつけよう」を参照してください。

注意！

取扱説明書は必ずチェック

製品に付属の取扱説明書（とくに電動の道具の場合）の内容は、必ず読んでおきましょう。同じような機器でもメーカーによって機能や使い方が異なります。説明書には、機器を便利に使うための方法や使用上の注意が記載されています。

1 作業中に落ちる熱せられた接着剤を受けるための紙やマットを作業台にしきましょう。グルーガンの電源を入れ、スタンドに立てて置き、接着剤が熱くなるまで数分間待ちます。

2 グルースティックがグルーガンの中に十分に充てんされていることを確認します。グルーガンの中のスティックが短い場合は、後ろから別のスティックを挿入して追加します。作業を開始する前に、接着するものが汚れていたり、ぬれていないか確認しましょう。

そのまま引き金を引き続けると接着剤が出るので、接着面に塗っていきます。

3 グルーガンの引き金をにぎると、先端から溶けた接着剤が出てきます。

4 接着剤が十分に塗れたら、引き金を放します。接着剤が冷えて固まるまで30秒ほどかかります。やけどをする可能性があるので、かわくまで接着剤にはふれないでください。

ドリルを使う

ドリルは、物に穴を開ける強力な機械です。穴を開けるドリルの部分をドリルビットと言います。木、プラスチック、金属、コンクリートなど、さまざまな材料に穴を開けるためにそれぞれ適したドリルビットがあります。どのドリルビットを使ったらよいかは大人の人に相談しましょう。また、ドリルビットにはさまざまなサイズがあり（ドリルビットの幅で決まります）、必要な穴の大きさによっても、使うドリルビットが変わります。

注意! 髪が長い場合は髪を後ろでまとめましょう。
ゆったりとした衣服などは、そでやすそを固定して、ドリルに巻き込まないようにしてから作業しましょう。
その他のヒントについては、8ページの「ケガに気をつけよう」、および9ページの「保護具を使おう」を参照してください。

ここがチャック。

1 適切なドリルビットを選択したら、チャックと呼ばれるドリルの先端に挿入します。ドリルの前面にあるリングを回すと、チャックの口が開閉します。

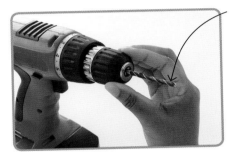

作業を始める前に、ドリルビットがまっすぐに取り付けられていることを確認してください。

2 リングを時計回りに回して、チャックの口を閉じます。ドリルビットをチャックにしっかりと固定するために、しっかり止まるまで回します。リングを反時計回りに回すと、ドリルビットを取り外すことができます。

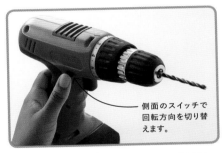

側面のスイッチで回転方向を切り替えます。

3 ドリルビットを固定したら、作業開始の準備が整いました。ドリルの後ろから見たときに、ドリルビットが時計回りに回転することを確認してください。反時計回りに回転している場合は、スイッチを反転してください。

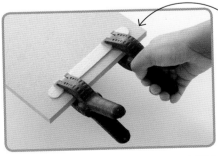

端材（写真では木の板の部分）を穴を開けるものの下に付けておくと、うっかり作業台に穴を開けてしまうのを防げます。

4 クランプまたは万力を使って、穴を開ける材料を固定します。これで両手で作業できるようになります。

5 穴を開ける位置にドリルビットをあてます。引き金を引いて、ドリルビットをしっかりと押し下げていきます。穴の位置がずれないように、ドリルをまっすぐにしましょう。

千枚通しを使う

千枚通しを使って、ドリルで穴を開けるところにガイド用の小さな穴を開けることができます。また、ペットボトルや箱などの比較的やわらかい素材に穴を開ける場合にも、千枚通しが有効です。

注意！

千枚通しの先端はとても鋭利で、体に刺さったり傷を付けることがあります。
とくに目をケガしないように、目には絶対近づけないようにしましょう。
その他のヒントについては、8ページの「ケガに気をつけよう」を参照してください。

1 穴を開ける材料の下に粘着パテを置きます。粘着パテに達するまで、千枚通しをねじりながら材料に押し込みます。

2 粘着パテがない場合は、穴を開ける場所から離れた箇所で、材料を手で固定しましょう。千枚通しを下に押しながらひねって貫通させます。

電線の処理

電線にはプラスチックの被覆があります。電線を回路に接続するには、被覆をはがして中の銅線を出す必要があります。通常は、端から1cmぐらいはがせば十分でしょう。

注意！

より線は細く鋭いため、指先をケガすることがあります。
電線を切断するときには注意してください。
その他のヒントについては、8ページの「ケガに気をつけよう」を参照してください。

1 まず、ワイヤーカッターで電線を必要な長さに切ります。一部のワイヤーストリッパーには電線切断用の刃が付いていますが、ワイヤーカッター、はさみ、ペンチなどで切ることもできます。

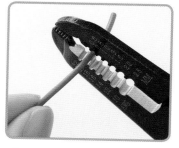

2 電線の先端をワイヤーストリッパーに通します。ワイヤーストリッパーには、さまざまな大きさの穴があります。ワイヤーストリッパーに電線を入れ、ハンドルを軽くにぎって電線の太さにあった穴を見つけます。

3 次に、ハンドルを強くにぎり、電線をワイヤーストリッパーから引き抜くと、被覆だけが取りのぞかれます。

注意！

電線を切ったり被覆（ひふく）を取りのぞく前に、電線が通電中の回路に接続されていないことを確認してください。
その他のヒントについては、9ページの「感電に気をつけよう」を参照してください。

ハンダ付けをする

ハンダごては、電気回路を作るのに最も重要な道具のひとつで、金属合金（金属の混合物）であるハンダを溶かすために使います。ハンダは、冷えると固まって電線と部品を物理的にも電気的にも結合してくれます。それはハンダが金属でできており、電気を通すためです。ハンダには、配管用のものと電気用のものがあります。電気用のものであることを確認してください。

電源ケーブルの位置に常に注意して、誤って作業中に電源ケーブルを抜かないようにしてください。

注意!

ハンダ付け作業時に発生する煙はぜんそくを刺激する可能性があるため、近づきすぎないようにしてください。また、部屋の換気を十分に行ってください。その他のヒントについては、8ページの「やけどに気をつけよう」を参照してください。

1 ハンダ付け作業を行うときは、溶けたハンダが落ちて作業台を汚したり傷つけることがあるため、必ず座って作業し、作業台の上に紙をしいてください。

ハンダごてを使用しないときは、スタンドにもどします。

2 ハンダごてをスタンドに置いた状態で電源を入れます。すぐにとても熱くなるので注意してください！溶けた熱いハンダが飛び散る場合があるため、必ず保護メガネを着用しましょう。

ハンダごてを一番低い温度に設定します。

3 ハンダ付けを開始する前に、ぬれたスポンジでハンダごての先端をきれいにします。スポンジは、ハンダごてのスタンドに組み込まれています。または、ハンダごての先端をきれいにするための市販の銅製のクリーニングスポンジでもかまいません。

熱せられたハンダごてに自分の体がふれないように注意してください。

4 ハンダ付けする電線や部品を固定するために、フレキシブルアームを使うことをおすすめします。これにより、接続中にハンダごてとハンダをそれぞれの手で安全に保持することができます。

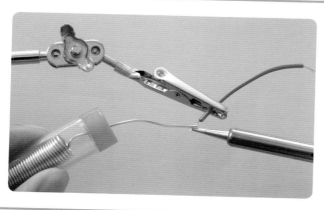

予備ハンダ

電線が確実に電気的に接続されるようにするため、接合する部品を薄くハンダでおおうことをおすすめします。これを「予備ハンダ」と呼びます。これを行うには、露出した銅線の端または部品の端子にハンダごてをあてます。約2〜3秒後に、ハンダを加熱された銅線または端子に付けると、ハンダがその上に流れます。また、ハンダごてをさびから保護するために、ハンダ付けを開始する直前にハンダごての先端を予備ハンダするのもおすすめです。

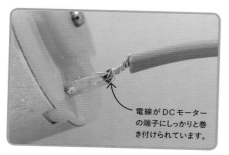

電線がDCモーターの端子にしっかりと巻き付けられています。

5 ハンダ付けを行う前に、電線と部品を物理的に接続します。電線を何かに取り付ける場合は、接続するものにしっかりと巻き付けます。

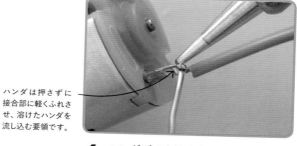

ハンダは押さずに接合部に軽くふれさせ、溶けたハンダを流し込む要領です。

6 ハンダごてを接合部にあてます。ハンダは1〜2秒以内に接合部に溶け出します。ハンダ付けが完了したらハンダごては離しますが、ハンダが固まるまで数秒間接合部を静止したままにします。

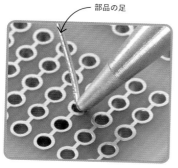

部品の足

7 ユニバーサル基板（35ページ参照）に部品をハンダ付けするときは、ハンダごてを数秒間穴にふれさせます。

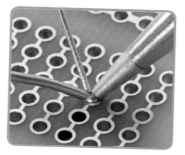

8 穴と部品があたたまったら、穴にハンダを付けます。

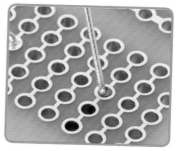

9 ハンダがハンダごての周りを流れて穴を埋め、部品の足が基板に固定されます。

熱収縮チューブ

いくつかのプロジェクトでは、熱収縮チューブを使用します。熱を加えると縮むやわらかいプラスチック製のチューブです。ハンダ付けされた接合部をおおうために使い、回路の他の部分が接合部にふれないようにします。また接合部がより強くなります。

火を長時間（数秒以上）あてないでください。
また、チューブに近づけすぎないでください。
その他のヒントについては、
8ページの「やけどに気をつけよう」を参照してください。

注意!

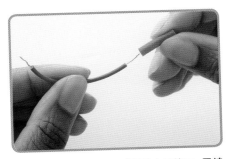

1 2本の電線をハンダ付けする前に、電線の接合部を安全におおうようにチューブを切ります。一方の電線にチューブを通しておきます。

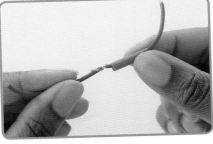

2 2本の電線がハンダ付けされたら、チューブをハンダ接合部に通して完全におおいます。

3 ライターの炎（ほのお）で数秒間加熱します。炎をゆっくりと動かしてチューブをまんべんなくあたため、接合部を少しずつ回していきます。

接合部を回してチューブが均等に収縮するようにします。

テスターを使用する

テスターは、電圧、電流、抵抗などの数値を測定する機器です。これは、回線の接続が正しいかどうかを確認するのにとても便利です。この本のプロジェクトでは、回路がつながっているかどうかを確認するためにのみ使用します。電流が2つのテストリードの間を流れるかどうかをテストすることで、回路がつながっているかどうかを確認します。

テストリードはこれらのソケットに接続します。

テスターには、電流、抵抗、電圧などを測定するモードがあり、ダイヤルで切り替えるようになっています。

テスターによって機能や仕様が異なるため、必ず製品に付属の取扱説明書を参照してください。

1 赤と黒のテストリードをそれぞれのソケットにさし込みます。テスターのソケットに色が付いていない場合は、黒いリード線を「COM」に、赤いリード線を「VΩmA」にさし込みます。モデルにこれらのマークがない場合は、テスターに付属の取扱説明書を参照してください。

このモードは、ショート、断線、接続不良のテストに便利です。

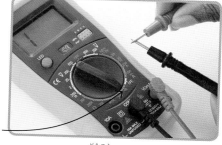

2 テスターに導通テストのモードがある場合、ダイヤルをそれに合わせます。テストリードどうしを接触させます。接触すると高音が聞こえ、テストリードが機能していることがわかります。次に、回路をテストします。

3 回路に断線があるかどうか、またはショートしているかどうかを確認するには（その場合、回路の2つの部分はつながっていないはずです）導通テストモードを使用します。下の回路では、LED に電流が流れていなかったので、部品が正しく接続されているかどうか、ブレッドボードに欠陥がないかどうかを確認するために導通テストを行っています。

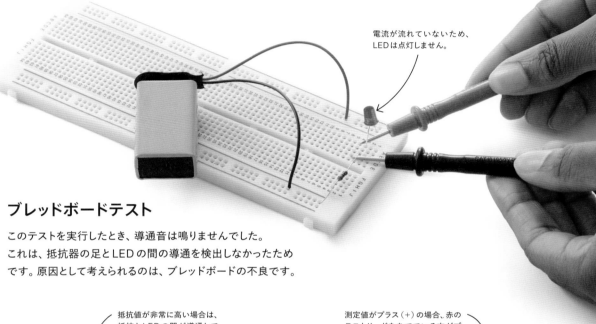

電流が流れていないため、
LED は点灯しません。

ブレッドボードテスト

このテストを実行したとき、導通音は鳴りませんでした。
これは、抵抗器の足と LED の間の導通を検出しなかったためです。原因として考えられるのは、ブレッドボードの不良です。

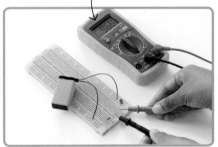

抵抗値が非常に高い場合は、
抵抗と LED の間が導通して
いないことを示しています。

測定値がプラス（＋）の場合、赤の
テストリードをあてている方がプラ
スであることがわかります。

4 テスターに導通テストモードがない場合は、ダイヤルを最も感度の高い抵抗モードに設定します。「抵抗」と書いてあるか、またはオーム（Ω）の記号で示されています。正しく動作している回路では、テスターはゼロに近い値を示すはずです。

5 テスターを使用して、電線のどちらがプラスでどちらがマイナスかを調べることができます。回路の電圧のすぐ上の電圧モード（V）までダイヤルを回します。テストリードを電線にあてます。計測した数値の前にマイナス記号がある場合は、テストリードの赤と黒を入れ替えます。

電気回路（電子回路）*

この本では、すべてのプロジェクトで電気（電子）回路の製作を行います。
ランプを点灯したり、スピーカーで音を出すなど、どのプロジェクトでも
何かを実現するためのエネルギーを提供するために、回路内に電流が流れます。
電流は、回路が閉じている（電子が移動できる経路がある）場合にのみ流れることができます。

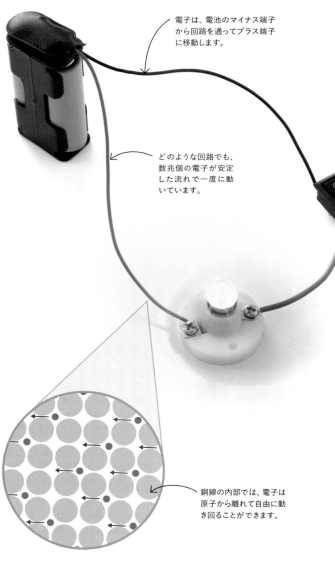

電子は、電池のマイナス端子
から回路を通ってプラス端子
に移動します。

どのような回路でも、
数兆個の電子が安定
した流れで一度に動
いています。

スイッチが閉じている
（オンになっている）
とき、電子は回路を流
れることができます。

銅線の内部では、電子は
原子から離れて自由に動
き回ることができます。

電流

電流は電荷の動きです。電気回路では、「電子」
と呼ばれる動く粒子が、マイナスの電荷を運び
ます。電子は、「導体」と呼ばれる材料を通じて
簡単に移動することができます。電気回路の電
線は金属（通常は銅）で作られています。金属
は優れた導体のひとつです。

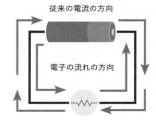

従来の電流の方向

電子の流れの方向

電子の流れの向きについて

科学者は、電子を知るずっと前から電気に
ついて研究していました。かつては、電流
が電池のプラス端子からマイナス端子に流
れると考えられていましたが、実際には逆
で、電子はマイナス端子からプラス端子へ
流れていることがわかりました。従来の「電
流」と呼ばれる古い方法がほとんどの図で
まだ使用されていますが、この本で電流を
示すときは、電子の流れの方向を示します。

*訳注：この本に掲載されているプロジェクトの回路には、電子回路と
電気回路の2種類があります。この2つの違いは能動素子（のうどうそ
し）と呼ばれる電子部品を使っているかどうかによって呼び分けられ
ます。くわしくは用語集（159ページ）を参照してください。

電圧、電流、抵抗

電気（電子）回路を理解するには、電圧、電流、抵抗について知る必要があります。電気回路を、ポンプで押し出された水がパイプの中を流れるものだとイメージすると、これらの意味が理解しやすいでしょう。この例では、ポンプは電池であり、パイプは電線であり、水は電子を表しています。

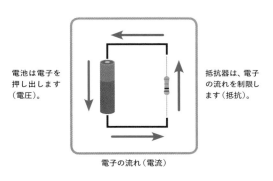

電池は電子を押し出します（電圧）。

抵抗器は、電子の流れを制限します（抵抗）。

電子の流れ（電流）

電圧

電気回路に電流を流すためには、電子にかかる力が必要です。起電力（emf）と呼ばれるその力は、さまざまな方法で、たとえば電池によって発生させることができます。起電力が大きいほど、電子のエネルギーが大きくなります。電子のエネルギーの尺度である電圧は、ボルト（V）という単位で表されます。水の例で言うと、電圧はポンプから発生する圧力に相当します。

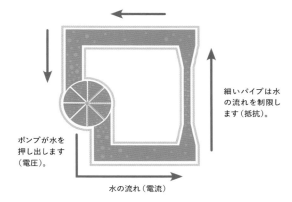

細いパイプは水の流れを制限します（抵抗）。

ポンプが水を押し出します（電圧）。

水の流れ（電流）

電流

回路を流れる電流は、回路内の任意の場所を通過する電子の毎秒のごとの量で表されます。電圧が大きく、抵抗が低いほど、電流は大きくなります。電流は、アンペア（A）と呼ばれる単位で測定されます。水の例では、電流は1秒あたりに流れる水の量にあたります。

抵抗

電子は銅線の中を移動します。銅線は電子の移動にほとんど抵抗をあたえません。しかし、多くの電子部品にはある程度の抵抗があり、回路内にある抵抗の合計値によって電子の流れる量（電流）が決まります。抵抗は、オーム（Ω）と呼ばれる単位で測定されます。抵抗器とは、特定の抵抗を持つ部品のことで、回路内の電流を制御する役割を果たします。水の例では、抵抗はパイプの幅にあたります。

オームの法則

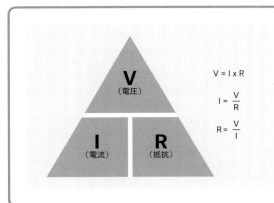

V（電圧）
I（電流）
R（抵抗）

$$V = I \times R$$

$$I = \frac{V}{R}$$

$$R = \frac{V}{I}$$

オームの法則とは、回路内の電圧、抵抗、電流の関係を数式で表したものです。方程式は、電圧は電流に抵抗を掛けたものであることを示しています。電流は電圧を抵抗で割ったもので、抵抗は電圧を電流で割ったものです。これら3つのうち2つの値がわかっていれば、オームの法則を使って3つ目の値を計算できます。オームの法則は、回路を設計するときに役立ちます。これを使用すると、動作する回路を安全に構築するために必要な部品をすぐに見つけることができます。

直列および並列回路

一部の回路では、電線と部品が連続して「直列」に接続されています。他の回路では、回路に分岐があります。この場合部品は「並列」に接続されています。ほとんどの回路では、いくつかの部品が並列に接続されています。

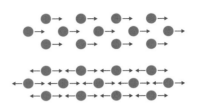

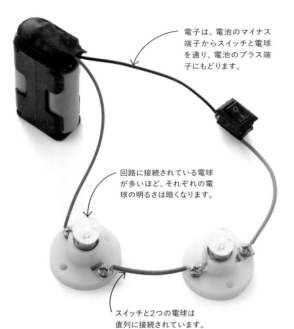

電子は、電池のマイナス端子からスイッチと電球を通り、電池のプラス端子にもどります。

回路に接続されている電球が多いほど、それぞれの電球の明るさは暗くなります。

スイッチと2つの電球は直列に接続されています。

交流と直流

図の上の回路では、電子は一方向にのみ移動します。これを直流（DC）と呼びます。一方、図の下の回路では、電子は前後両方に動いています。これを交流（AC）と呼びます。

直列回路

直列回路では、電流が流れるルートは1つだけです。すべての電子は同じルートを通ります。直列回路の電流は、回路のどこでも同じです。電流の量は、回路上の部品すべての抵抗値の合計によって決まります。電子のエネルギーは、すべての部品で共有されます。

並列回路

並列回路では、回路が分岐するため、電流がそれぞれの経路へ並行して流れます。ある電子は一方向に進み、別の電子はそれとは別の方向に進みます。並列回路内の各分岐に流れる電流は、それぞれの分岐内にある部品の抵抗値の合計によって変わります。

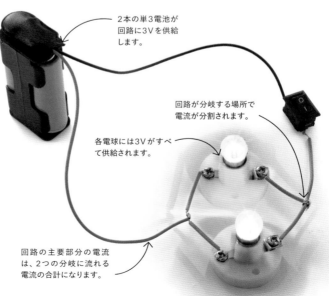

2本の単3電池が回路に3Vを供給します。

回路が分岐する場所で電流が分割されます。

各電球には3Vがすべて供給されます。

回路の主要部分の電流は、2つの分岐に流れる電流の合計になります。

回路図

電気回路エンジニアが回路を設計するときには、実物の電池、電線、および部品の絵を描くわけではありません。その代わりに、回路のさまざまな部分がどのように接続されているかを明確に示す図（回路図）を使います。わかりやすいように、部品ごとに標準的な記号があり、実際の回路で電線が曲がっていても、回路図上は直線で表現されます。152〜155 ページにすべてのプロジェクトの回路図を掲載しています。

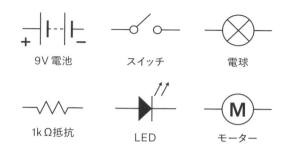

9V 電池　　　スイッチ　　　電球

1kΩ抵抗　　　LED　　　モーター

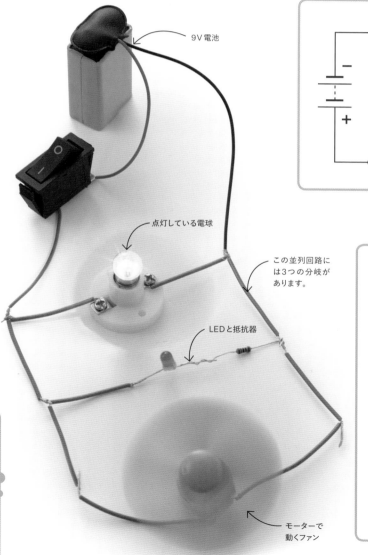

9V 電池

点灯している電球

この並列回路には3つの分岐があります。

LEDと抵抗器

モーターで動くファン

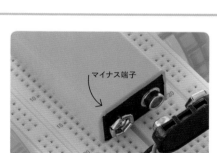

左の回路の回路図

マイナス端子

「グラウンド」ってなに？

グラウンド、つまり「アース」は、回路の中で最も電圧の低いところであり、常にではありませんが、多くの場合ゼロボルト（0V）です。家庭用電源では、コンセントなどに取り付けられた端子がグラウンドであり、直流回路では通常、電池のマイナス端子がグラウンドです。

ブレッドボード

ブレッドボードは、複数の金属製端子がつながった部品が
内側に取り付けられているプラスチック製のボードで、
回路内の電線や部品を簡単に接続することができます。
ハンダ付けは必要なく、部品と電線をブレッドボードにさし込むだけで使えます。
部品を間違った場所に接続してしまったときも簡単に外すことができ、
部品とブレッドボードは何度も再利用することができます。

ブレッドボードのしくみ

ブレッドボードの中には、行方向（横）と列方向（縦）のそれぞれにつな
がった金属製の端子が入っています。これらは、電線と部品を決まった
場所に固定する金属製のスプリングに接続されています。＋と－の２つ
の列はそれぞれがつながっており、電池の２つの端子（＋と－）を接続す
るのに使います。それぞれの行の５つの穴は、すべて接続されていま
す。つまり、ブレッドボードの側面の同じ列、またはブレッドボードの本
体の同じ行に接続されている電線や部品は電気的に接続されます。

ブレッドボードの中にはク
リップが入っており、この
クリップにさし込むことで、
決まった場所に電線と部品
を固定できます。

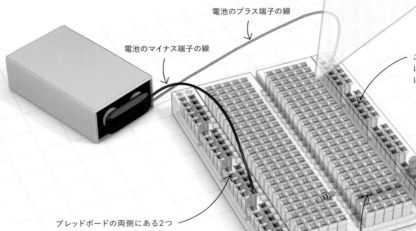

電池のプラス端子の線

電池のマイナス端子の線

この列に接続されているもの
はすべて、電池のプラス端子
に接続されます。

このLEDのプラスの足は、電池のプラス端子
に接続されています。

ブレッドボードの両側にある2つ
の列は、ブレッドボードの長手（な
がて）方向につながっています。

この抵抗の足は、電池
のマイナス端子に接続
されています。

各行の5つの穴はそれぞれ接続
されているので、抵抗器の足と
LEDのマイナスの足はブレッド
ボードの中で接続されています。

いろいろなブレッドボード

ブレッドボードにはいくつかの種類があります。最も一般的なのは、64行のフルサイズのブレッドボードです。フルサイズのブレッドボードは複雑な回路を作るのにも十分な大きさですが、小規模なプロジェクトであればミニブレッドボードが便利です。ブレッドボード型ユニバーサル基板はブレッドボードに似ていますが、ハンダ付けが必要なため、基板を再利用せず長期間利用する場合に使われます。

フルサイズのブレッドボード

フルサイズのブレッドボードでは、数字と文字で、回路を作るときにどの穴にさし込めばよいのかを簡単に示すことができます。たとえば、「C7」の穴は1つしかありません。フルサイズのブレッドボードとミニブレッドボードでは、中央のみぞをまたいで集積回路（IC）をさし込めるように設計されています（ICの詳細については、18ページを参照してください）。

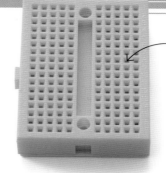

横に並んだ5つの穴は、フルサイズのブレッドボードと同じように接続されています。

ミニブレッドボード

ミニブレッドボードには、電池を接続する長手方向につながった電源レーンがありませんが、それ以外はフルサイズのブレッドボードと同じように機能します。側面に凹凸が付いているものが多く、複数のボードをつなげることができます。ネジどめのための穴や、裏側に接着面が付いているものもあり、ミニブレッドボードと他のものを組み合わせることができるようになっています。

ICの足は、みぞをまたいで両側の穴にさし込みます。

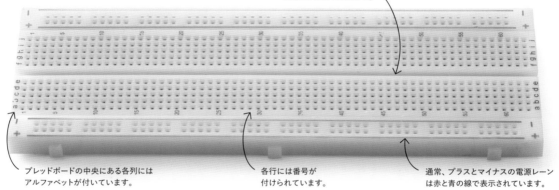

ブレッドボードの中央にある各列にはアルファベットが付いています。

各行には番号が付けられています。

通常、プラスとマイナスの電源レーンは赤と青の線で表示されています。

基板の上面には文字と数字が書かれています。

裏側には、行と列がどのように接続されているかを示す金属トラックがあります。

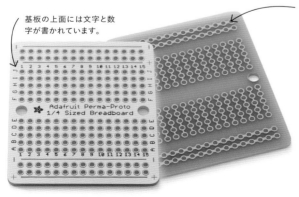

ブレッドボード型ユニバーサル基板

ブレッドボード型ユニバーサル基板（以降、ユニバーサル基板）の穴は、ブレッドボードと同じように行と列で接続されています。しかし、電線と部品を単にさし込むだけでは機能せず、ハンダ付けが必要です。

トラブルシューティング

この本ではすべてのプロジェクトで電気（電子）回路を
製作します。各ステップの指示にしたがって、それぞれの
接続に注意をはらえば、作った回路は正しく動作します。
しかし、指示通りにしたつもりでもうまくいかないことは
よくあります。その場合、このページのよくある問題と
解決方法を参照してください。
問題を見つけて修正するのに役に立つことでしょう。

安全のために

この本のプロジェクトではすべて、電圧
の低い電源（電池またはUSB給電）を使
用しているため、感電する危険性はほと
んどありません。ただし、回路の問題を
調査するときは、電源をオフにすること
をおすすめします。また、ここで学んだ
方法を他の回路の調査で使用しないでく
ださい。より高圧の電源を使う回路では
危険な場合があります。

電池に問題がある場合

最初に確認すべきは電源です。電池が正しく接続されてい
ること、および電池が残っていること（使い古しではないこ
と）を確認してください。電源を入れたときに熱くなってい
たら、あるいは煙が出ていたら、すぐに電池を取り外してく
ださい。電力がUSBケーブルから供給されている場合は、
USBケーブルを取り外します。

1 電池が正しく挿入されていることを確認
します。電池ボックスでは、電池の平ら
な端（マイナス端子）をバネ側にして固定しな
ければなりません。

2 電池の電圧をテスターで確認します。
テスターを「電圧」モードにし、赤いテス
トリードをプラス（+）端子に、黒いテストリー
ドをマイナス（−）端子に接触させます。
読み取り値がゼロまたはゼロに近い
場合は、電池が消耗しているので
交換しなければなりません。

テスターの数値が電池
に表示された電圧よりも
少し低い値を示しても、
異常ではありません。

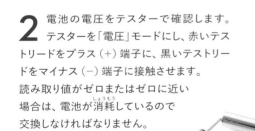

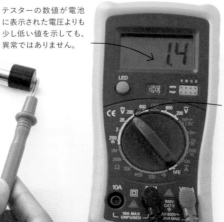

もしアナログテス
ターを使用している
場合は、電池の電
圧よりもひとつ上の
電圧の測定モード
に設定します。

回路が正しく
配線されていない場合

この本の各プロジェクトの回路は注意深く設計されていますので、その通りに電線と部品を接続すれば正しく動作し、LEDを光らせたり、スピーカーで音を鳴らすことができます。1つでも電線や部品の接続が間違っていれば、もしくは1つでも部品の値が間違っていれば回路は動作しません。

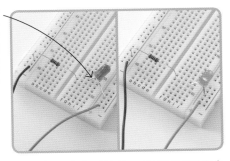

LEDの足はブレッドボードの57行目にさし込まれていますが（写真左）、回路を正しく完成させLEDを点灯させるには59行目にさし込む必要があります（写真右）。

1 ブレッドボードを使って回路を作る場合、各電線や部品の足が正しい位置にあることを確認してください。プロジェクトの説明に記載されているグリッド（アルファベットと数字の組み合わせで表されたもの）に注意してください。

スイッチは、「オフ」になると回路を遮断（しゃだん）するように設計されています。

この電線はスイッチの端子から外れているため、スイッチが「オン」になっていても回路は機能しません。

2 電流は電気回路の切れているところを越えて流れることができないため、接続がゆるんでいないか確認しましょう。接続が切れているか、正しく接続されていない場合は、もう一度ハンダ付けするか、ブレッドボードならさし込み直します。

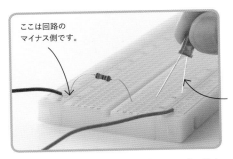

ここは回路のマイナス側です。

LEDの短い方の足はマイナス側です。LEDをさし込む前に向きを変える必要があります。

3 LED、トランジスタ、電解コンデンサなどの部品が正しい向きに接続されていることを確認します。これらの部品には極性、つまりプラス側とマイナス側があり、正しく機能させるためには指定された向きで回路に接続する必要があります。

ノッチ

4 集積回路（IC）には、両側に同じ数の足があります。回路に接続するときに向きを間違いやすいので、端にある半円形の「ノッチ」がプロジェクトの手順で示された位置と同じ位置にあることを確認しましょう。

ショートしている場合

ショートは、接触してはならない2つの金属部品（電線の芯や部品の足）が接触しているときに発生します。ショートが発生すると、電流が間違ったところを流れ、回路の一部に電流が流れなくなります。回路が機能しなかったり、回路の一部に大きな電流が流れてしまうことによって部品を壊したり、熱を発生する可能性があります。

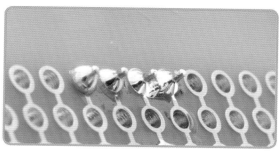

1 ハンダは加熱されると溶けて液体になり、他の溶けたハンダとくっついてしまいます。それらが固まると、近くのハンダのかたまりが結合して回路をショートさせることがあります。このような状態を「ハンダブリッジ」と呼びます。

非常に小さいハンダブリッジを見つけるためには、虫めがねが必要になるかもしれません。

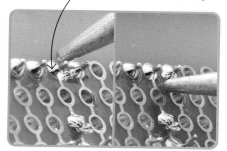

2 ハンダブリッジが見つかった場合は、ハンダごてでもう一度ハンダを溶かし、ブリッジになっている部分を切ります。

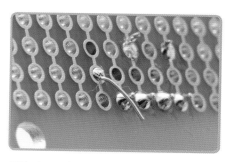

3 ショートは、接触してはならないとなり合った2つの部品の足が接触しているときにも発生するため、足の余分な線は必ず切り取ってください。

部品に問題がある場合

まれに、回路内の部品の故障によって回路が正しく動作しない場合もあります。最もよく故障する可能性のある部品は、コンデンサと抵抗です。テスターを使って、回路に接続されている各部品を順番に確認できますが、その前に必ず電源をオフにしてください。

この抵抗は110Ωなので、テスターのモードを200にします。

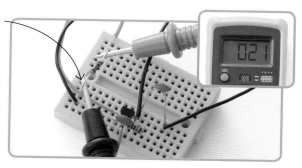

1 抵抗器を確認する場合は、テスターを抵抗器の値の1つ上の抵抗値測定モードに設定します（抵抗器の読み取り方については、16ページを参照してください）。テストリードを抵抗器の両方の足に接触させます。部品が故障していなければ、測定値は抵抗器の値に近い値を示すはずです。

2 コンデンサを確認するには、回路の電源をオフにしてから少なくとも30秒待ちます。これにより、コンデンサが蓄えた電気エネルギーを放電できます。テスターを静電容量モードに設定し、テストリードをコンデンサの足にあててコンデンサを確認します。測定値が本来の値よりも大幅に高い、または低い場合は、コンデンサを交換する必要があります。もしテスターに静電容量モードがなければ、一番低い抵抗値の抵抗測定モードを使ってください。

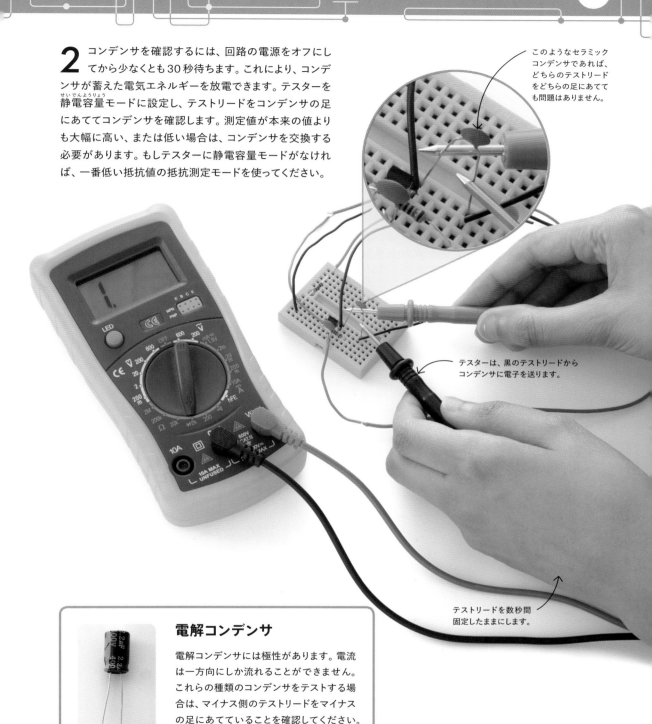

このようなセラミックコンデンサであれば、どちらのテストリードをどちらの足にあてても問題はありません。

テスターは、黒のテストリードからコンデンサに電子を送ります。

テストリードを数秒間固定したままにします。

電解コンデンサ

電解コンデンサには極性があります。電流は一方向にしか流れることができません。これらの種類のコンデンサをテストする場合は、マイナス側のテストリードをマイナスの足にあてていることを確認してください。通常はマイナス側の足は短く、コンデンサの本体に「−」の表示が付いています。

コイン電池

Coin battery

私たちは、多くの小型の機器に電力を供給するために
電池を使っていますが、電池はどのようにして
電力を生成するのでしょうか？
電池がどのように機能するかを理解するには、
自分で電池を作るのが一番良い方法です。
このプロジェクトでは、10円玉、ワッシャー、
キッチンペーパーから電池を作り、
それを使ってイルミネーションに
電力を供給します。*

電流が流れると
ライトが光ります。

電池によって生成され
た電流が回路を流れ、
LEDイルミネーション
に電力を供給します。

ワニ口クリップで電池
をイルミネーションに
接続します。

電池ボックスに
接続されたスイッチで、
ライトへの電流の流れを
制御します。

亜鉛メッキワッシャー、酢につけた布、
10円玉の組み合わせが
ひとつの「セル」になります。
この電池は10個のセルで
構成されています。

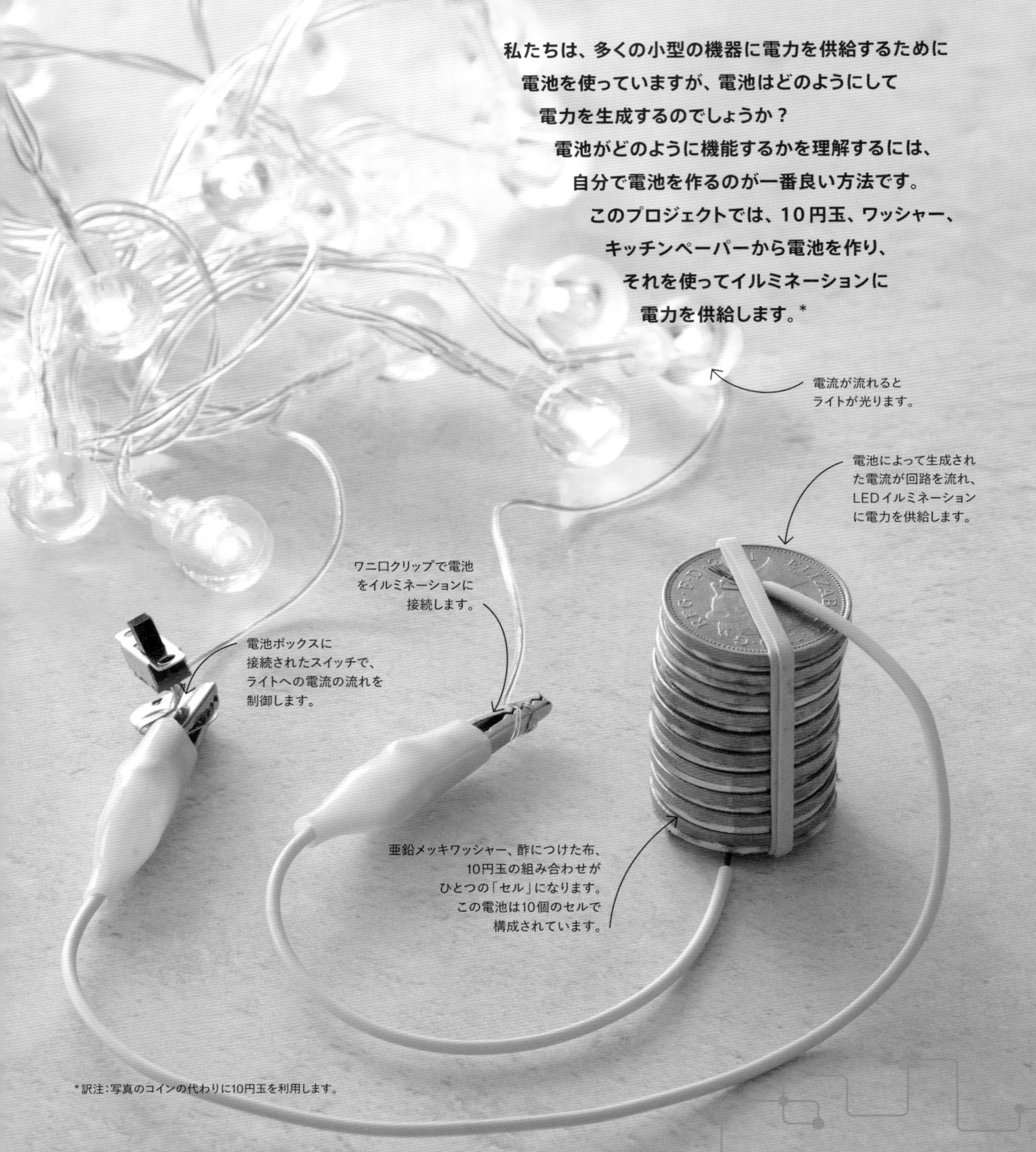

*訳注：写真のコインの代わりに10円玉を利用します。

コイン電池を作ろう

この電池をうまく機能させるには、まず10円玉をキラキラ光るぐらいにきれいにする必要があります。この手順も電池を作る上で必要な作業です。ワッシャーは必ず亜鉛（あえん）メッキワッシャーを使用してください。「亜鉛メッキ」は「亜鉛でコーティングされたもの」という意味です。亜鉛は電池の非常に重要な部分なのです。

時間
20分

難しさ
初級者

用意するもの

道具箱から

・鉛筆
・はさみ
・テスター
・ワイヤーストリッパー

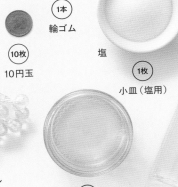

10枚
亜鉛メッキ
（亜鉛コーティング）
ワッシャー

1本
輪ゴム

塩

10枚
10円玉

1枚
小皿（塩用）

1枚
酢
30ml

1個
イルミネーション
（単3電池2本の
電池ボックスが付いた、
3Vで動作するもの）

1枚
小皿（酢用）

1枚
キッチンペーパー

1枚
ペーパータオル

1本
スプーン

1本
ワニ口クリップ付き
ケーブル

溶液が飽和（ほうわ）すると塩が溶けてなくなります。

1 約30mlの酢を小皿に注ぎます。そこに塩を加え、溶けてなくなるまで混ぜていきます。

塩と酢によって、10円玉の表面がきれいになります。

2 10円玉を塩と酢の溶液につけ、光沢（こうたく）が出るまで約5分間置きます。きれいになった10円玉を取り出し、水で洗ってペーパータオルでかわかします。作業が終わったら自分の手も洗ってかわかしましょう。

3 10円玉で型をとって、キッチンペーパーを10円玉の形に切り抜きます。

布を折りたたんで切れば、一度に複数の型を切り抜くことができます。

電解質とは、金属と反応して電子の移動を発生させる酸性の液体のことです。

4 10円玉型に切り抜いたキッチンペーパーを、塩と酢の溶液に数分間ひたしておきます。酢がこの電池の電解質になります。

5 亜鉛メッキワッシャーを置き、さらに10円玉型のキッチンペーパー、その上に10円玉を置きます。すべての材料がきちんと積み重なるまでこの順序でくり返し、一番上が10円玉になるようにします。

赤のテストリードを、一番上の10円玉にあてます。

一番下（ワッシャーの部分）に黒のテストリードをあてます。

6 テスターを、1〜10Vの範囲の電圧を測るモードに設定します。10円玉とワッシャーが積み重なっている一番上と一番下に、テストリードをあてます。テスターには、6〜8Vの範囲で電圧が表示されるはずです。

テスターの使い方は、28〜29ページを参照してください。

電線の処理については24ページを参照してください。

7 ワイヤーストリッパーでワニ口クリップケーブルの被覆をはがし、コイン電池の一番上と一番下に取り付けます。コイン電池の周りに輪ゴムを巻き付けて、電線を固定します。

8 ワニ口クリップを電池ボックス内部の金属端子にクリップでとめます。ワッシャーからの電線をスプリング側（マイナス端子側）に接続してください。

9 電池ボックスのスイッチをオンにすると、イルミネーションが点灯します。

コイン電池が強く固定されているほど、電流は強くなります。

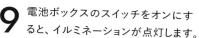

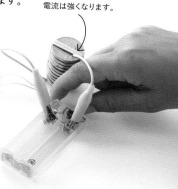

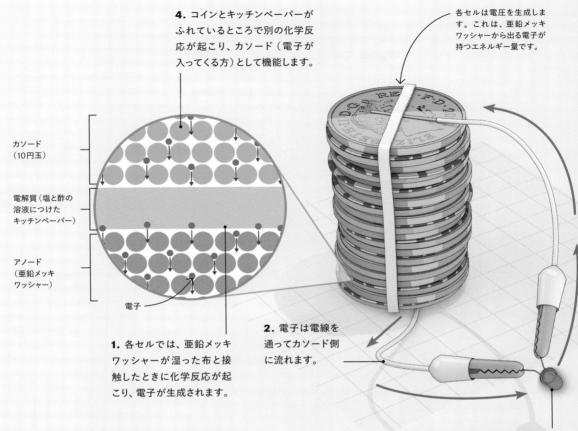

4. コインとキッチンペーパーが
ふれているところで別の化学反
応が起こり、カソード（電子が
入ってくる方）として機能します。

各セルは電圧を生成しま
す。これは、亜鉛メッキ
ワッシャーから出る電子が
持つエネルギー量です。

カソード
（10円玉）

電解質（塩と酢の
溶液につけた
キッチンペーパー）

アノード
（亜鉛メッキ
ワッシャー）

電子

1. 各セルでは、亜鉛メッキ
ワッシャーが湿った布と接
触したときに化学反応が起
こり、電子が生成されます。

2. 電子は電線を
通ってカソード側
に流れます。

3. 電子がLEDを通過すると、その
エネルギーでLEDが点灯します。
このプロジェクトのイルミネーショ
ンも同じように動作しています。

しくみを見てみよう

電池は、化学反応によって化学エネル
ギーを電気エネルギーに変換します。
各セルでは、亜鉛原子が塩と酢の溶液
（電解質）に溶解することによって、亜
鉛メッキワッシャー（アノード）に電子
が発生します。電子は電線を通って流
れ、銅の端（カソード）に取り込まれ、
そこで電解質内の別の化学反応を起
こします。すべてのセルの電圧の合計
は累計され、LEDを点灯するのに十
分なエネルギーの電子が電池の下部
から出てきます。

● 現実世界の応用例
世界初の電池

イタリアの科学者アレッサンドロ・ボ
ルタは、1799年に電池を発明しまし
た。このプロジェクトで作った電池
と同じように、ボルタの電池は銅と
亜鉛の円盤で作られていました。ボ
ルタは、塩と酢にひたしたキッチン
ペーパーではなく、塩水にひたした
布を使っていました。

手作りモーター

Motor

モーターは電気エネルギーを運動エネルギーに変換します。
このプロジェクトでは、電池の直流電流で動作する、シンプルなモーターを作ります。
電流はコイルを通って流れて磁場を生み、永久磁石の磁場に作用します。
コイルと磁石の間の磁力の反発により、コイルは高速で回転します。

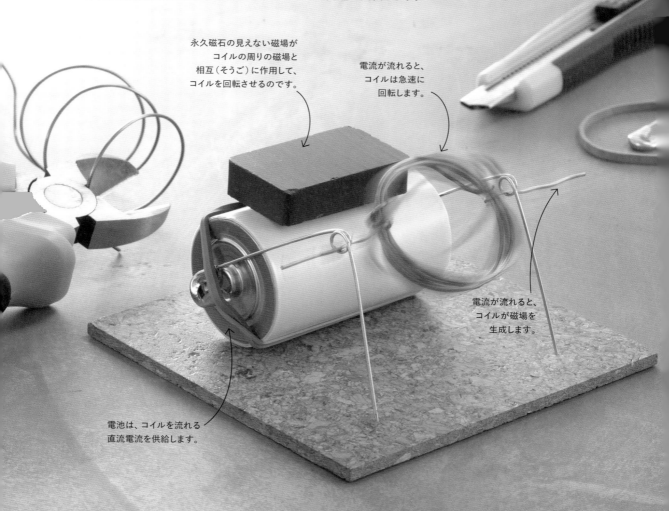

永久磁石の見えない磁場が
コイルの周りの磁場と
相互（そうご）に作用して、
コイルを回転させるのです。

電流が流れると、
コイルは急速に
回転します。

電流が流れると、
コイルが磁場を
生成します。

電池は、コイルを流れる
直流電流を供給します。

モーターを作ろう

モーターの回転する部分（ローター）は、銅線で作られたコイルです。銅線には電流が流れるのを防ぐコーティングが施されているため、銅線の端をカッターナイフで削ってコーティングをはがし、電気的に接続することが重要です。

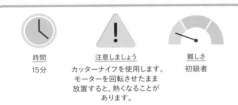

時間	注意しましょう	難しさ
15分	カッターナイフを使用します。モーターを回転させたまま放置すると、熱くなることがあります。	初級者

用意するもの

道具箱から
・カッターナイフ
・ワイヤーカッター
・定規

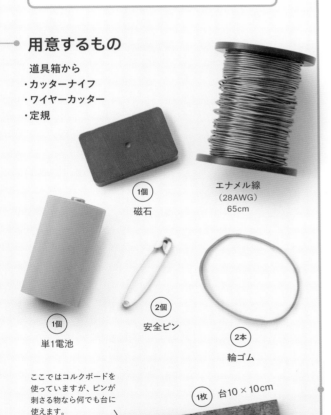

磁石 （1個）

エナメル線（28AWG）65cm

単1電池 （1個）

安全ピン （2個）

輪ゴム （2本）

台10×10cm （1枚）

ここではコルクボードを使っていますが、ピンが刺さる物なら何でも台に使えます。

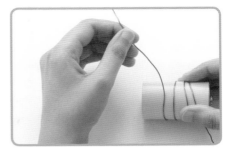

1 電池の周りにエナメル線を5回巻き付けます。両端に約5cmの線を残します。

銅線の両端がコイルの外に伸びるようにしましょう。

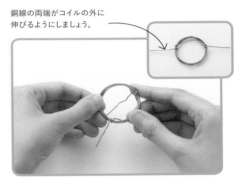

2 エナメル線を電池から外します。それを円形に平らにしてから、エナメル線の端をコイルの両端に巻き付けて、コイルを固定します。

3 カッターナイフでエナメル線の両端のエナメルコーティングを削り取り、銅部分が見えるようにします。

カッターナイフの使い方は、20ページを参照してください。

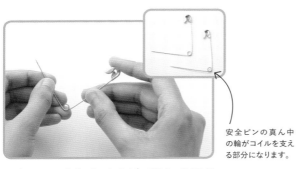

安全ピンの真ん中
の輪がコイルを支え
る部分になります。

4 2つの安全ピンを曲げて開き、角度が90度になるようにします。ピンのとがった部分に注意して作業しましょう。

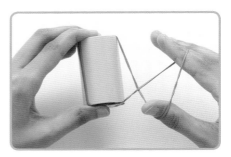

5 輪ゴムを写真のように電池に巻き付けます。強く固定しなければなりませんので、必要に応じて二重に巻き付けてください。

電池の端子につない
だ安全ピンどうしが
ふれないように、並
行に取り付けます。

6 安全ピンの留め金の部分を、電池の両端の輪ゴムの下に押し込み、電池の端子にしっかりと固定されるようにします。

7 安全ピンを取り付けた電池を台の上に固定します。安全ピンの先端をコルクに押し込み、安全ピンの輪の部分が同じ高さになっていることを確認します。

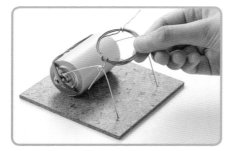

8 エナメル線の端を安全ピンの輪にゆっくり通して、コイルをつり下げます。その後、安全ピンがまっすぐになるように調整します。

9 永久磁石を電池の上に置きます。電池は磁石にくっつく金属でできているため、接着剤を使わなくても固定できます。

10

手でコイルを少し回転させます。
モーターが正しく動作していれば、
コイルはそのまま回転し続けるはずです！

注意！
モーターがとても熱くなる
可能性があるため、
長時間モーターを回した
ままにしないでください。
使わないときは、
コイルを外してモーターを
止めておきましょう。

磁石をコイルから離す
など、磁石の場所を変
えることで、コイルの回
転が速くなったり遅く
なったりするでしょう。

モーターを回転し続
けるとコイルが熱く
なることがあります。

電池はモーターに
電流を供給します。

しくみを見てみよう

電気と磁気はとても密接に関連してい
て、電気がコイルを流れると、コイルの
周りに磁場が発生します。

● **現実世界の応用例**
ロボットアーム

モーターは、コードレスのドリル、
小さなおもちゃ、ロボットアームな
ど、多くの工具や機械で使用され
ています。ロボットの精度の高い
動きは、アームの各関節にあるモー
ターによって実現されています。

1. 永久磁石と電磁石（電流が
流れて磁場を発生したコイル）
には、それぞれN極とS極が
あります。同じ極どうし（NとN、
SとS）は反発し、異なる極どう
しは引き寄せられます。

N極（赤）

S極（青）

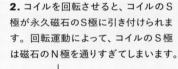

2. コイルを回転させると、コイルのS
極が永久磁石のS極に引き付けられま
す。回転運動によって、コイルのS極
は磁石のN極を通りすぎてしまいます。

コイル

3. コイルのN極は、永久磁石
のN極によって反発されます。
このプロセスをくり返すこと
で勢いを増し、モーターは回
転し続けるのです。

コイルの回転力は、
コイルの大きさ、材
質、流れる電流の量
によって変わります。

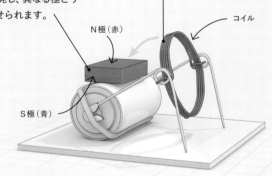

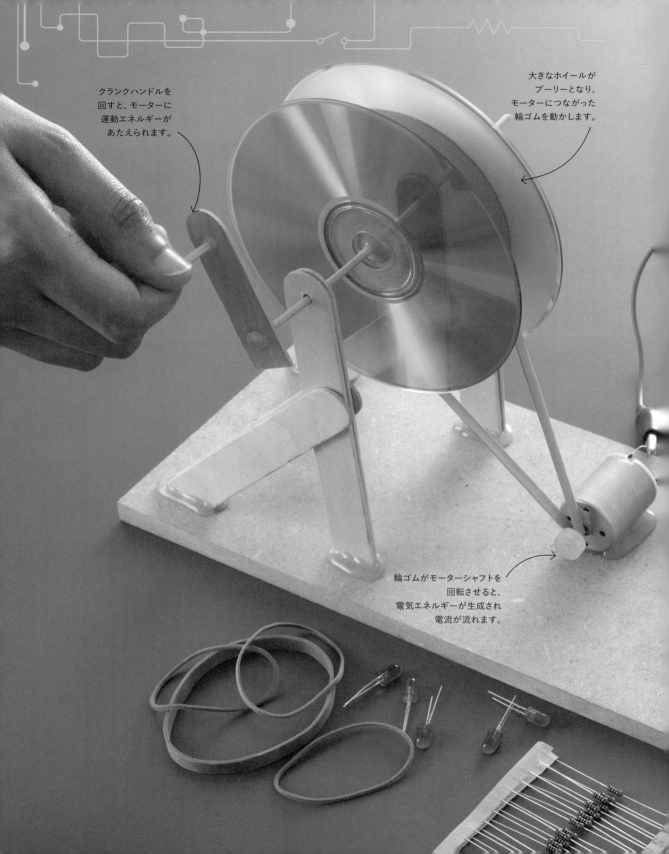

クランクハンドルを
回すと、モーターに
運動エネルギーが
あたえられます。

大きなホイールが
プーリーとなり、
モーターにつながった
輪ゴムを動かします。

輪ゴムがモーターシャフトを
回転させると、
電気エネルギーが生成され
電流が流れます。

手回し発電機

Generator

家庭に供給される電気のほとんどは、運動エネルギーを
電気エネルギーに変換する「発電機」によって生成されています。
発電機には、モーターと同じように、磁石で囲まれた回転する
シャフトの周りにコイルが入っています。
実は、このモーターを使って、電気を発生させることもできるのです。
このプロジェクトで、実際にやってみましょう。

電流が流れると
LEDが点灯します。

発電機を作ろう

この作品は土台が頑丈でなければならないので、以下の指示に必ずしたがってください。中型の輪ゴムを探してみてください。大きすぎたり小さすぎたりすると、モーターシャフトをうまく回転させることができません。古いCDやDVDがない場合は、直径12cmぐらいの硬い円盤を探してください。

時間	注意しましょう	難しさ
45分	グルーガン、金のこ、ドリル、カッターナイフ、ワイヤーカッターを使用します。	中級者

用意するもの

道具箱から
- カッターナイフ
- カッティングマット
- グルーガン
- 粘着パテ
（消しゴムなどでも代用可）
- 定規
- 端材とクランプ
- 金のこ
- ドリル
- 木材用3mmドリルビット
- ワイヤーカッター

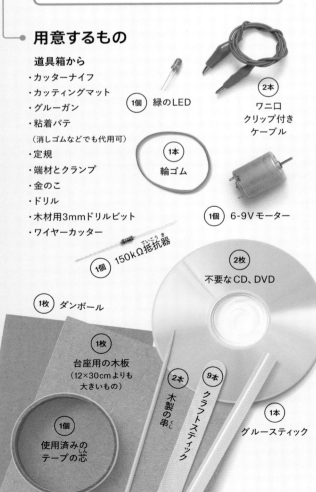

（1個）緑のLED

（2本）ワニ口クリップ付きケーブル

（1本）輪ゴム

（1個）6-9Vモーター

（1個）150kΩ抵抗器

（2枚）不要なCD、DVD

（1枚）ダンボール

（1枚）台座用の木板（12×30cmよりも大きいもの）

（1個）使用済みのテープの芯

（2本）木製の串

（9本）クラフトスティック

（1本）グルースティック

グルーガンの使い方は、22ページを参照してください。

1 ダンボールから、直径がテープの芯の内径よりも小さい2つの円を切り取ります。切り取ったダンボールの円を、CDの中心にグルーガンで取り付けます。

CDに取り付けたダンボールのディスクの中央に穴を開けます。

2 串を使って、ダンボールの円の中心に穴を開けます。粘着パテを下に置くと、作業がしやすくなります。

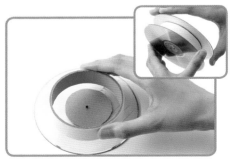

3 テープの芯の端に接着剤を塗り、CDの中心と合わせて貼り付けます。もう1枚のCDも同じように中心を合わせて、テープの芯の反対側に貼り付けます。

クラフトスティックを端材の上に置いてクランプではさむと、固定されて切りやすくなります。

発電機の本体となるプーリー（動力を伝達する部品）が完成しました。

4 接着剤がかわいたら、ダンボールの円の中央に串をさします。これがシャフトになります。串の両側の長さが同じになっていることを確認したら、シャフトの両端をダンボールにグルーガンで接着して固定します。

ⓘ 金のこの使い方は、21ページを参照してください。

5 金のこで、4本のクラフトスティックの片方の端を1cmまっすぐ切り取ります。また、別の4本の片方の端を、端から2cmのところから45°の角度で切り取ります。

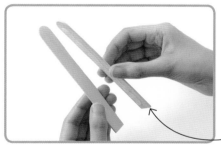

スティックの端がそろっていることを確認します。

6 まっすぐに切った方の2本のクラフトスティックをグルーガンで貼り合わせます。残りの2本も同様に貼り合わせます。これらは、発電機のプーリーを支える足になります。

ⓘ ドリルの使い方は、23ページを参照してください。

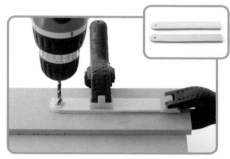

7 串よりわずかに大きなドリルビットを使用して、2本の足の丸い方の端から約1cmのところの中央に穴を開けます。

8 カッターナイフで、グルースティックを約6mmの厚さで輪切りにしたものを2つ作ります。

⚠ 注意！
グルースティックはしっかりと固定して、切るときにずれないようにしましょう。

カッティングマットをしいて作業台を保護してください。

この2つの小さなグルーの輪切りは、発電機のシャフトを固定するのに使います。

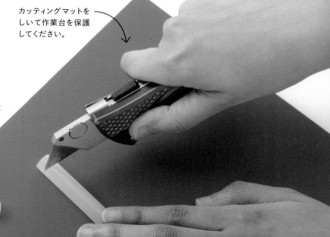

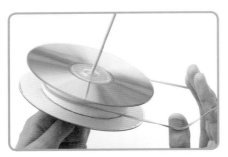

9 テープの芯の周りに輪ゴムを取り付けます。これは、モーターと発電機をつなぎ、動力を伝達するためのベルトになります。

10 串の先端を使ってグルースティックの輪切りの中央に穴を開けます。輪切りの1つをプーリーのシャフトの片側に押し込みます。残ったもう1つは置いておきます。

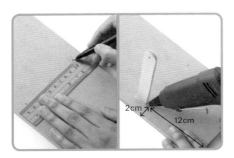

11 木の台座に、長い方の辺から約2cm、短い方の辺から約12cmのところに印を付けます。印の位置に足をグルーガンで接着し、接着剤がかわくのを待ちます。

シャフトが回ることを確認しておきましょう。

12 シャフトの一方の端を、台に固定した足の穴に通し、もう一方の端をまだ固定していないもう一方の足の穴に通します。固定していない方の足を2番目の印のところに接着して固定します。

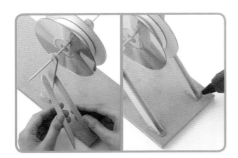

13 斜めに切ったクラフトスティックを、足の支えとして取り付けます。丸い端の方を各足の両側に1つずつ、斜めに切った方の端を台に接着します。

14 ワイヤーカッターでシャフトの両端を約4cm残して切り取ります。

15 発電機のクランクハンドルにするため、残ったクラフトスティックを約6cmの長さに切り、両端から約1cmのところに穴を開けます。

16 串を約2.5cmの長さに切り、ハンドルの丸い方の端の穴に接着します。

17 先ほど作ったもう1つのグルースティックの輪切り（手順8を参照）を、最初に付けたグルースティックの円と同じ側のシャフトの端に押し込みます。

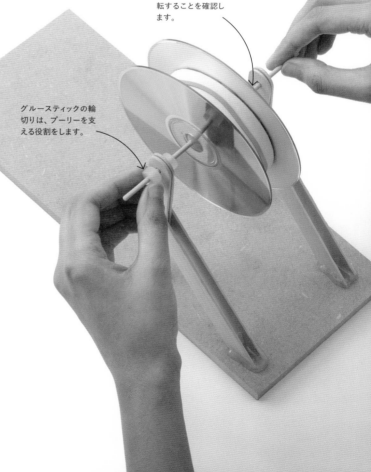

シャフトが自由に回転することを確認します。

グルースティックの輪切りは、プーリーを支える役割をします。

18 クランクハンドルをシャフトに取り付け、もう一方の端にある串が（手でつかめるように）外側を向いていることを確認します。そして、グルーガンでハンドルを固定します。

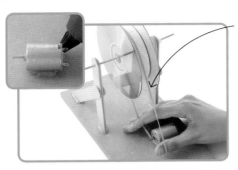

プーリーの中心と
モーターのシャフト
が平行であることを
確認してください。

19 モーターの設置場所を台の中央あたりに決めます。輪ゴムをプーリーにかけ、輪ゴムがぴんと張るように、プーリーとの距離を調整します。グルーガンでモーターを台に接着してから、モーターのシャフトに輪ゴムを引き伸ばします。

20 グルースティックから別の6mm厚の輪切りを切り取ります。串で、中心に穴を開けますが、貫通させないようにしてください。グルースティックの輪切りに開いた穴の部分を、モーターのシャフトに押し込みます。

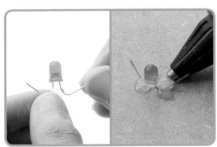

抵抗器は、LEDを流
れる電流量を制限す
るために必要です。

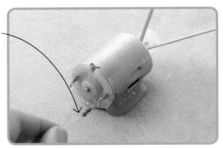

21 写真のようにLEDの足を慎重に曲げ、グルーガンで台に固定します。

22 150kΩ抵抗器をモーターの端子の1つに取り付けます。どちらの端子でもかまいません。

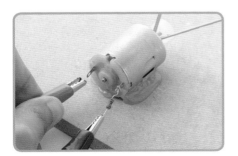

23 ワニ口クリップ付きケーブルを、モーターに取り付けた抵抗器に取り付け、もう1つのワニ口クロップをモーターの別の端子に接続します。

24 2つのワニ口クリップのもう一方をそれぞれ、LEDの足に接続します。発電機の準備ができました。

25

発電機のハンドルを回します。モーターのシャフトが回転していることを確認してください。LEDは、電流が決まった向きに流れるときだけ点灯するため、点灯しない場合は電流の向きが違っている可能性があります。ハンドルを反対方向に回すか、LEDに取り付けられたワニ口クリップを切り替えると、モーターからの流れる電流の向きが切り替わります。

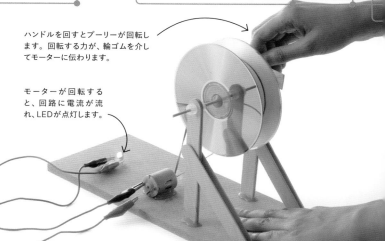

ハンドルを回すとプーリーが回転します。回転する力が、輪ゴムを介してモーターに伝わります。

モーターが回転すると、回路に電流が流れ、LEDが点灯します。

しくみを見てみよう

モーターは、電流が流れるとシャフトが回転するように設計されています。ただし、このプロセスは逆にすることもできます。モーターのシャフトの回転を使用して、電流を発生させることができるのです。モーターの内部には、磁石と、回転する3本のコイルがあります。

● 現実世界の応用例
水力発電

世界の電力の約5分の1は、水力発電（流れる水のエネルギー）によって生成されています。この写真の機械は、米国のフーバーダムのタービンです。このタービンは、水の力で回転して発電機を回転させます。

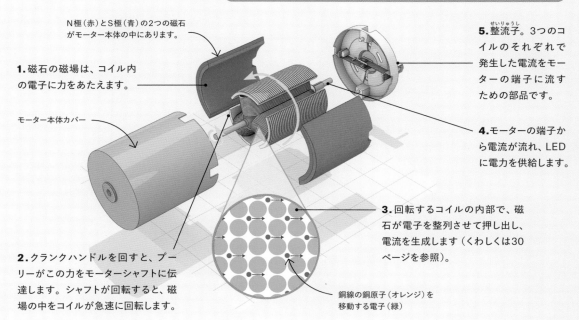

N極（赤）とS極（青）の2つの磁石がモーター本体の中にあります。

1. 磁石の磁場は、コイル内の電子に力をあたえます。

モーター本体カバー

5. 整流子。3つのコイルのそれぞれで発生した電流をモーターの端子に流すための部品です。

4. モーターの端子から電流が流れ、LEDに電力を供給します。

3. 回転するコイルの内部で、磁石が電子を整列させて押し出し、電流を生成します（くわしくは30ページを参照）。

2. クランクハンドルを回すと、プーリーがこの力をモーターシャフトに伝達します。シャフトが回転すると、磁場の中をコイルが急速に回転します。

銅線の銅原子（オレンジ）を移動する電子（緑）

手持ち扇風機
せんぷうき

Handheld fan

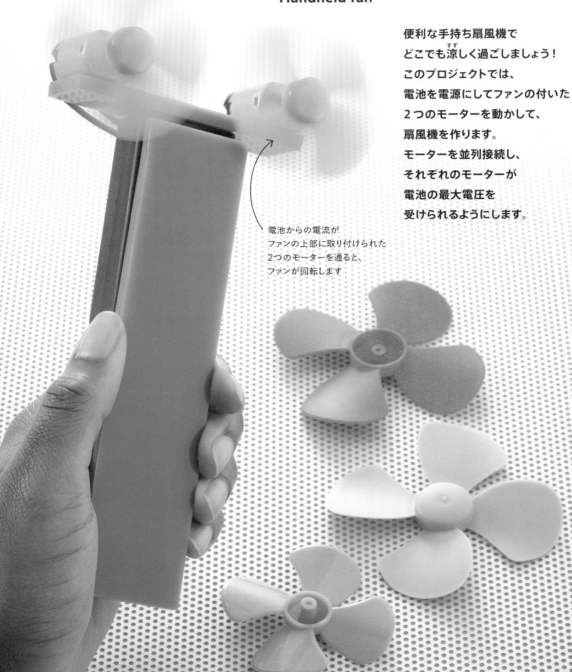

便利な手持ち扇風機で
どこでも涼しく過ごしましょう！
このプロジェクトでは、
電池を電源にしてファンの付いた
2つのモーターを動かして、
扇風機を作ります。
モーターを並列接続し、
それぞれのモーターが
電池の最大電圧を
受けられるようにします。

電池からの電流が
ファンの上部に取り付けられた
2つのモーターを通ると、
ファンが回転します

手持ち扇風機を作ろう

このプロジェクトでは、スイッチが内蔵された電池ボックスを使います。また、扇風機の本体(手で持つ部分)のプラスチックや木製の材料は、2つのモーターを付けるのに十分な幅と、取り付け後にファンの羽根がふれないように十分な長さが必要です。

	⚠	
時間 30分	<u>注意しましょう</u> グルーガンと ハンダごてを 使用します。	難しさ 初級者

用意するもの

道具箱から
・グルーガン
・ワイヤーストリッパー
・ハンダごてとハンダ

1個　電池ボックス
（スイッチ、電線付き）

2個　ファン

2個　単3電池

2個　3Vモーター

1個　持ち手（長さ15㌢で、電池ボックスと同じ幅のもの）

1個　モーターの台座（8×2㌢）

黒のより線（8cm）

赤のより線（8cm）

グルーガンの使い方は
22ページを
参照してください。

1 モーターの台座を電池ボックスの上部中央に接着して取り付けます。電池ボックスを開閉して電池の交換ができることを確認しておきましょう。

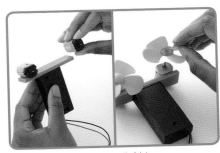

2 モーターを台座の両端(りょうたん)に接着します。シャフトが電池ボックスのスイッチがある側と反対側に、モーターの端子は下側になるように接着してください。次に、ファンを取り付けます。

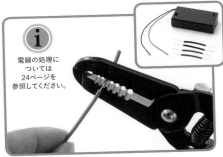

電線の処理について24ページを参照してください。

3 2本の黒いより線と2本の赤いより線をそれぞれ約4cmに切ります。また、電池ボックスの電線から被覆(ひふく)を取りのぞきます。

4 それぞれのモーターの左側の端子に、被覆を取りのぞいた赤いより線を取り付け、ねじって固定します。

5 同様にモーターの右側の端子に、被覆を取りのぞいた黒いより線を取り付けます。

6 赤いより線の端どうし、黒いより線の端どうしをつなぎ、ねじって固定します。

持ったときに電池ボックスの電線がじゃまになる場合は、電池ボックスの電線を短くしてもかまいません。

7 黒いより線どうしの結合部分に、電池ボックスの赤い電線をねじって取り付けます。次に、赤いより線どうしの結合部分に、電池ボックスの黒い電線を取り付けます。

ファンの回転する方向は、モーターの極性によって決まります。実際に電池をつないで動かしてみることで確認しましょう。

8 電池ボックスのスイッチを入れて、ファンから出る風が前向きに出ているかどうかを確認します。風が逆向きに出ている場合は、電池ボックスの黒と赤の電線を入れ替えます。

ハンダ付けについては、25〜26ページを参照してください。

9 風の向きが確認できたら、すべての電線の接続をハンダ付けします。

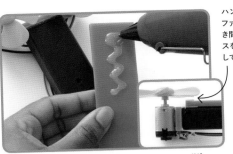

ハンドルを取り付ける際、ファンと持ち手との間にすき間があること、電池ボックスを開けられることを確認して取り付けてください。

10 電池ボックスの前面に、同じ幅（はば）に切った持ち手を接着します。

11 これで手持ち扇風機の完成です。電源スイッチをオンにすると、さわやかなそよ風が生まれます。

しくみを見てみよう

電子部品を並列接続すると各部品は同じ電圧を受け取るため、この手持ち扇風機では、各モーターが電池ボックスから3Vの電圧の供給を受けます。ただし、2つのモーターを並列に使用すると、消費電力が2倍になるため、電池の消耗（しょうもう）が早くなります。

2. 各モーターは、流れてくる電子のすべてのエネルギーを受け取ります。

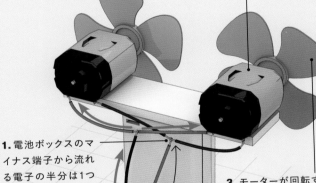

1. 電池ボックスのマイナス端子から流れる電子の半分は1つのモーターを通り、残りの半分はもう1つのモーターを通ります。

3. モーターが回転する速度は電圧に依存（いぞん）するため、2つのモーターを並列に配線すると、モーターを1つだけ使用した場合と同じ速度で回転します。

この接合部で電流が分岐（ぶんき）します。

● 現実世界の応用例
車のヘッドライト

車のヘッドライトは並列接続で配線されています。なぜなら直列接続で配線してしまうと、どちらか一方のランプが切れるともう一方も点灯しなくなり、電池が消耗（しょうもう）するにつれて両方が徐々（じょじょ）に暗くなってしまうからです。

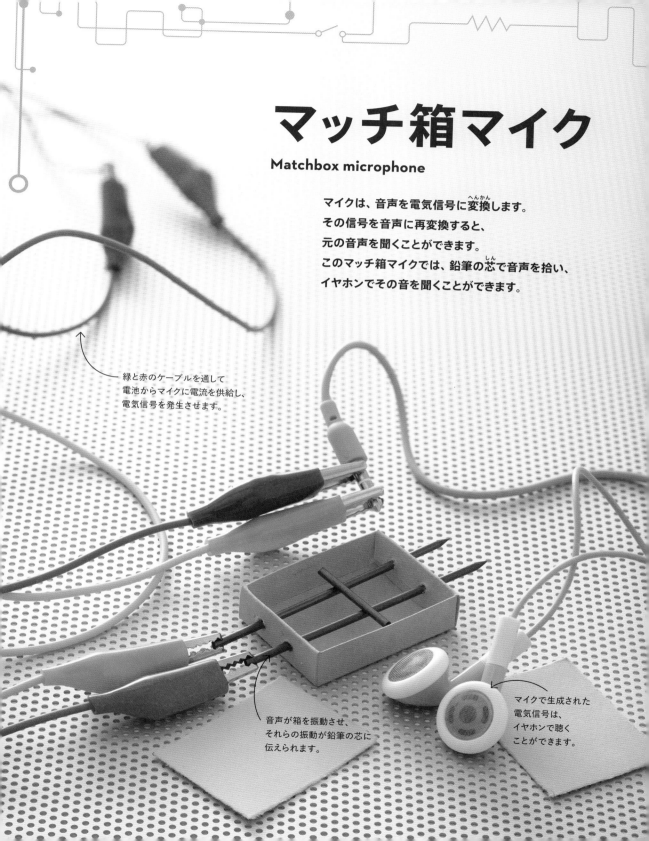

マッチ箱マイク

Matchbox microphone

マイクは、音声を電気信号に変換します。
その信号を音声に再変換すると、
元の音声を聞くことができます。
このマッチ箱マイクでは、鉛筆の芯で音声を拾い、
イヤホンでその音を聞くことができます。

緑と赤のケーブルを通して
電池からマイクに電流を供給し、
電気信号を発生させます。

音声が箱を振動させ、
それらの振動が鉛筆の芯に
伝えられます。

マイクで生成された
電気信号は、
イヤホンで聴く
ことができます。

マッチ箱マイクを作ろう

このプロジェクトでは鉛筆の芯（しん）を使用しますが、シャープペンシルの芯（製図用などの2mm以上の太いもの）を購入するのが、最も安全で簡単です。また、壊してしまう可能性があるため、古いイヤホンや安価なイヤホンを使うことをおすすめします。イヤホンは100円均一のお店でも手に入れることができます。

時間	注意しましょう	難しさ
15分	千枚通しとカッターナイフを使用します。	初級者

用意するもの

道具箱から
・カッターナイフ
・千枚通し

1本 イヤホン

2本 鉛筆の芯（2mmのシャープペンシルの芯でもよい）

1個 マッチ箱（同じような大きさの箱でもよい）

2個 単3電池

3本 ワニ口クリップ付きケーブル

1個 電池ボックス（スイッチ、電線付き）

千枚通しの使い方は24ページを参照してください。

1 千枚通しでマッチ箱に約1cm間隔（かんかく）で2つの穴を開けます。穴を開けるときは手をケガしないように注意しましょう。

カッターナイフについては20ページを参照してください。

2 鉛筆の芯の片側をカッターナイフで削（けず）り、それぞれに平らな面を作ります。

3 図のように、鉛筆の芯をマッチ箱の穴に通します。鉛筆の芯が箱の両端（りょうたん）から出るようにし、平らな面が上を向くようにします。

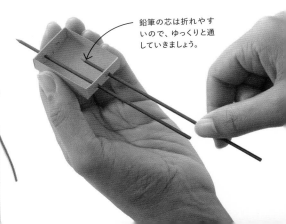

鉛筆の芯は折れやすいので、ゆっくりと通していきましょう。

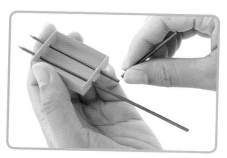

4 マッチ箱の端から約1cm出るようにして、鉛筆の芯の端を折ります。

5 折った鉛筆の芯の1本を、マッチ箱の幅より少し短めに折ります。平らな面を下にして他の2本の芯にかかるように置きます。

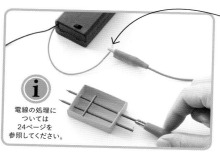

電池ボックスの電線の被覆（ひふく）をはがしておきましょう。

i
電線の処理については24ページを参照してください。

6 ワニ口クリップ付きケーブルで、一方の鉛筆の芯と電池ボックスの電線を接続します。

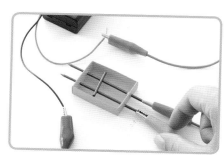

7 2本目のワニ口クリップ付きケーブルを電池ボックスのもう一方の電線に、3本目を残りの鉛筆の芯に接続します。

8 2つの接続されていないワニ口クリップがあるはずです。あいているワニ口クリップの1つをイヤホンの金属部分の先端の方に、もう一方を根本の方に接続します。

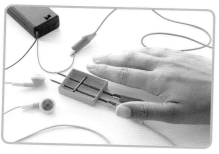

9 イヤホンを耳につけ、電池ボックスのスイッチを入れて、マッチ箱を軽くたたいてみてください。イヤホンの1つからたたくような音が聴こえるはずです。次に、マッチ箱に向かって話してみてください！

しくみを見てみよう

鉛筆の芯は鉛ではなく、粘土と混合された黒鉛（グラファイト）と呼ばれる材料でできています。黒鉛は電気を通しますが、電流に対する抵抗が非常に高いため、電流を通しにくい性質を持っています。

● 現実世界の応用例
オーディオ信号

マイクが生成する電流の変化は、オーディオ信号と呼ばれます。それは、音圧の変化を電流の変化で再現したものです。オーディオ信号はデジタルで記録でき、コンピューターを使って表示したり編集できます。

音が鳴らないとき

1.回路を接続すると、電流が電池から黒鉛（鉛筆の芯）とイヤホンを通って電池にもどります。

2.マイクが音を拾っていないとき、2本の鉛筆の芯にかかった短い芯を通じて電流が流れます。

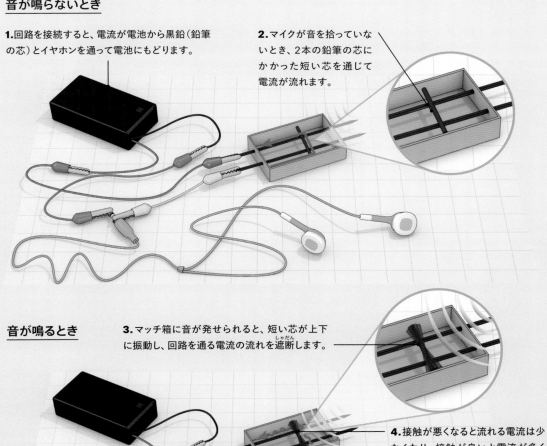

音が鳴るとき

3.マッチ箱に音が発せられると、短い芯が上下に振動し、回路を通る電流の流れを遮断します。

4.接触が悪くなると流れる電流は少なくなり、接触が良いと電流が多く流れます。電流の変化は、音声の振動のパターンと一致します。

5.電流の変化によって、イヤホンの小さなスピーカーが振動し、元の音声を再現します。

バグボット

Bugbot

この不思議な生き物は、明るい光の中で
生きているようです。彼らは何かに押されなくも
勝手に動き、電池も必要ありません。
しかし、彼らは生きていません。
みんな、光エネルギーを電気エネルギーに
変換する太陽電池から動力を得ています。
そして、その電気エネルギーは
バグボットの裏側にかくされた
モーターを振動させ、
飛びはねるのです！

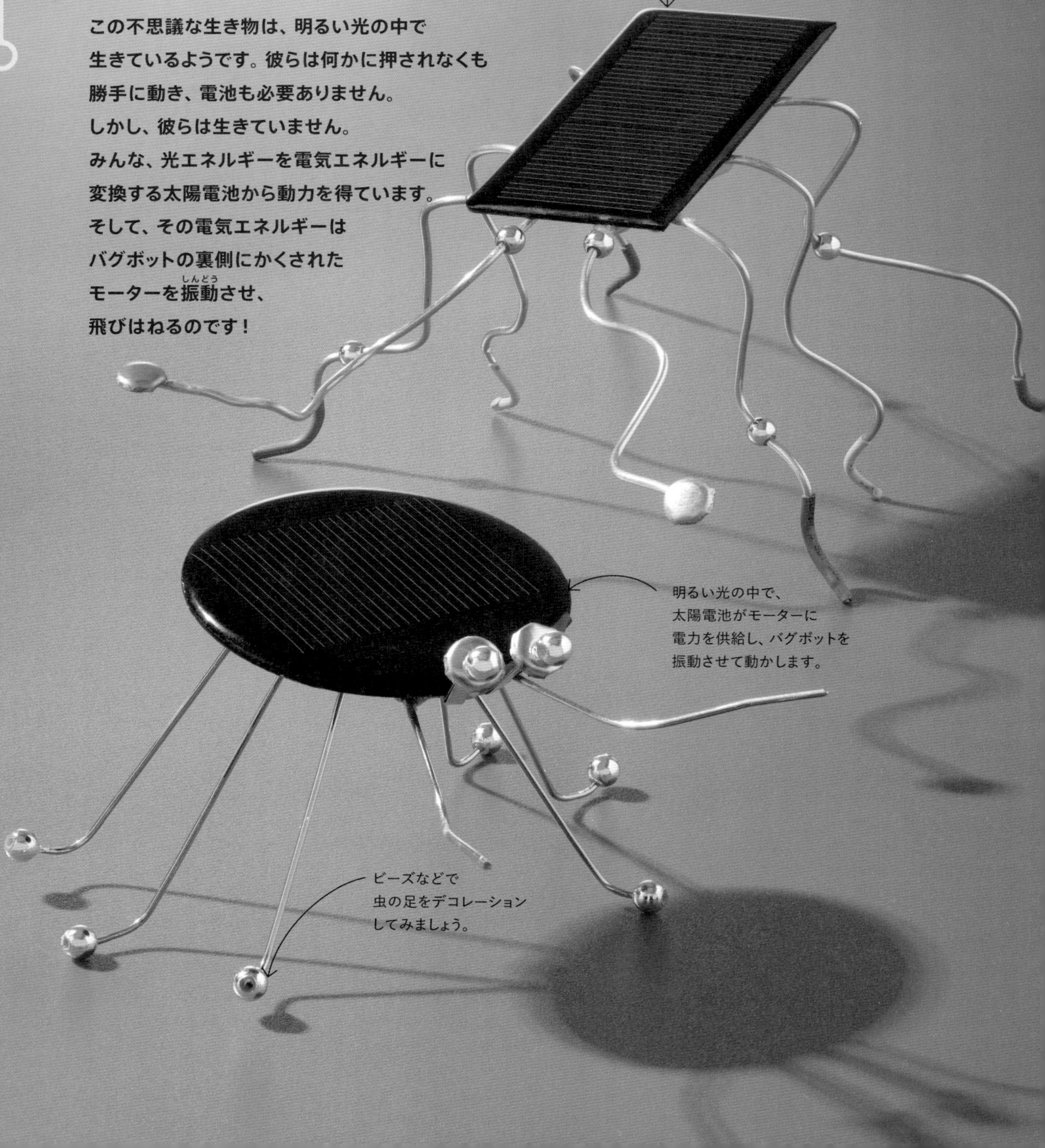

バグボットは太陽光や
強いハロゲン電球に反応しますが、
LEDライトでは力不足で
反応しません。

明るい光の中で、
太陽電池がモーターに
電力を供給し、バグボットを
振動させて動かします。

ビーズなどで
虫の足をデコレーション
してみましょう。

バグボットを作ろう

このプロジェクトでは、太陽電池と振動モーターが必要です。これらのモーターにはさまざまな種類があります。ここでは、「コイン型」または「パンケーキ型」のモーターで、リードが3つではなく2つのものを入手してください。このプロジェクトでは「リニア振動アクチュエータ」と書かれたものは使用できませんので、注意してください。

時間	注意しましょう	難しさ
15分	ハンダごてとグルーガンを使用します。	初級者

用意するもの

道具箱から
- ワイヤーカッター
- ハンダごてとハンダ
- ペンチ
- グルーガン

③個　大きなクリップ

②個　小さなクリップ

①個　3Vで動作する「コイン型」または「パンケーキ型」振動モーター

①個　小型の3V太陽電池

②個　シルバーのビーズ

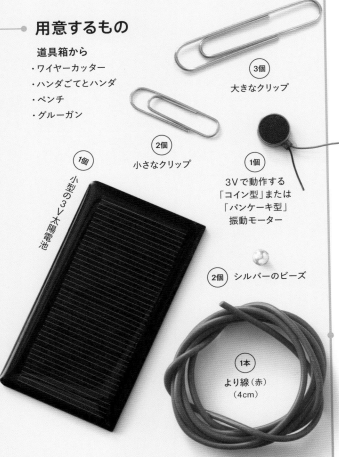

1本　より線（赤）（4cm）

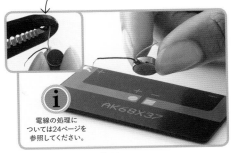

モーターの線はとても細いので、被覆（ひふく）をはがすときに切らないように注意しましょう。

ⓘ 電線の処理については24ページを参照してください。

1 モーターの被覆をはがします。モーターを太陽電池の下側中央に貼り付けてください。モーターに粘着パッドが付いている場合はそれを使って、それ以外の場合はグルーガンを使って貼り付けます。

2 モーターの線が太陽電池の端子に届く場合は、この手順は飛ばしてかまいません。届かない場合は、モーターの線の端から太陽電池の端子をつなぐために必要な長さの2本の短いより線を用意し、被覆（ひふく）を取りのぞきます。

3 短いより線とハンダで、モーターの線と太陽電池の端子を接続します。どちらの線をどちらの端子に接続してもかまいません。太陽電池に長い電線が付いている場合は、それらをモーターの線にハンダ付けします。

ⓘ ハンダ付けについては25〜26ページを参照してください。

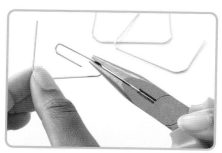

4 ペンチで、3つのクリップを開いて両端を切り取り、大きなU字型に曲げてそれぞれが昆虫の足に見えるようにします。

グルーガンの使い方は、
22ページを
参照してください。

5 グルーガンを使って、3本の足を太陽電池の下側に取り付けます。ショートさせないよう、足が電線の露出部分にふれないようにしてください。

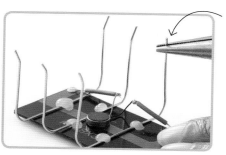

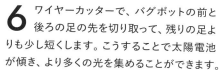

ペンチでクリップの
先を曲げて、足を作
ります。

6 ワイヤーカッターで、バグボットの前と後ろの足の先を切り取って、残りの足よりも少し短くします。こうすることで太陽電池が傾き、より多くの光を集めることができます。

7 小さなクリップとビーズで目や触角を付けて、好きなようにアレンジしてみましょう。ただし、あまり付けすぎないでください。バグボットが重くなって、モーターが動かなくなるかもしれません。

バグボットを動かす
には、強い光を当て
なければなりません。

8 天気が良い日ならバグボットを外に出してみましょう。あまり天気が良くなければ、ハロゲンランプの下に置きます。表面がなめらかで平らな方がよく動きます。

振動しながら
動いていきます。

しくみを見てみよう

バグボットの回路はシンプルです。太陽電池が振動モーターに電力を供給し、バグボットを動かします。

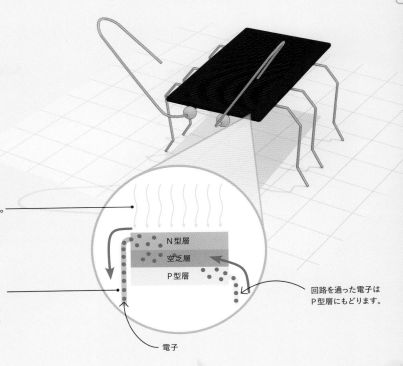

1. 太陽電池は、N型とP型の2層で構成され、これらは空乏層（電気的に絶縁された部分）によって分離されています。太陽電池パネルに明るい光が当たると、電子は空乏層の原子から放出されます。

2. 電子は、N型層に押し上げられて回路に流れます。これがバグボットに電力を供給する電流です。

N型層
空乏層
P型層

回路を通った電子はP型層にもどります。

電子

3. モーターの内部には、重さの不均等な「おもり」が取り付けられています。電子がモーターに流れると、このおもりが回転します。不均等なおもりが回転することによって、モーターが振動します。

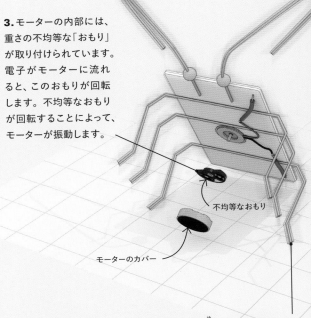

不均等なおもり

モーターのカバー

● 現実世界の応用例
スマートフォン

スマートフォンの内部に振動モーターがあります。ほとんどのスマートフォンでは、これが唯一の可動部分です。電話がかかってくると、モーターが回転し、スマートフォン全体を振動させます。これはマナーモード（着信時に呼び出し音が鳴らないモード）のときに使われています。

4. 振動によりバグボット全体が揺れます。振動すると足が浮き上がったり着地したりをくり返すので、バグボットはカタカタと跳ね回る動きになります。

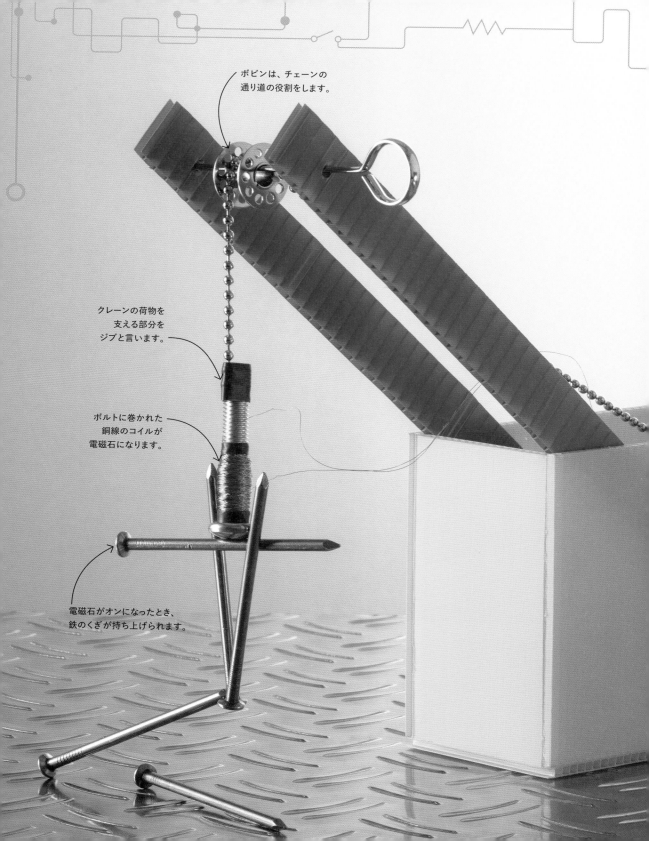

ボビンは、チェーンの
通り道の役割をします。

クレーンの荷物を
支える部分を
ジブと言います。

ボルトに巻かれた
銅線のコイルが
電磁石になります。

電磁石がオンになったとき、
鉄のくぎが持ち上げられます。

電磁石クレーン

Electromagnetic crane

電線に電流が流れると、わずかに磁気を帯びます。
電線をコイルに巻き、電流を流すと電磁石ができます。
電磁石は通常の磁石と同じように機能しますが、
電流を止めると磁力がなくなるため、
スイッチで磁力のオンとオフを切り替えることができます。
身のまわりの電磁石を使ったものには、電気モーター、
コンピューターのハードディスク、スピーカーなどがあります。
このプロジェクトでは、電磁石の力で金属（磁石にくっつくもの）を
持ち上げるクレーンを作ります。

スイッチを切り替えると、
電磁石がオフになり
磁力がなくなります。

この金串（かなぐし）を巻くと、
クレーンのジブが持ち上げられたり、
下げられたりします。

電磁石クレーンを作ろう

この作品のポイントは、できるだけ頑丈(がんじょう)に作ることです。重いものを持ち上げて、クレーンの力を試してみましょう。本体はプラスチックダンボールで作っていますが、しっかりしたものであれば他の素材でもかまいません。クレーンのジブをつなぐために金属のチェーンを使っていますが、チェーンがない場合は、ひもや電線でも代用できます。

時間	注意しましょう	難しさ
45分	千枚通し、グルーガン、熱収縮チューブを使用します。	初級者

用意するもの

道具箱から

- 定規
- カッターナイフ
- カッティングマット
- 千枚通し
- 粘着パテ
- グルーガン
- 油性ペン
- ワイヤーカッター
- ビニールテープ
- 紙やすり
- ワイヤーストリッパー
- 両面テープ

32〜36AWGのエナメル線（10mくらい）

1個 SPSTスイッチ

1本 ボルト（50mm）

1本 スナップコネクタ

1本 熱収縮チューブ

1本 9V形電池

1個 箱（13×10×6cm以上）

1枚 プラスチックダンボールシート

2本 金串(かなぐし)15cm

1個 ライター

1本 チェーン

1個 金属製のボビン

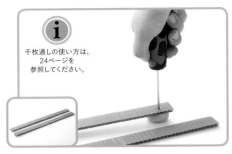

千枚通しの使い方は、24ページを参照してください。

1 プラスチックダンボールシートを30cm×2cmの大きさに切って、2本の帯を作ります。千枚通しで、それぞれの帯の端から約2.5cmのところに穴を開けます。

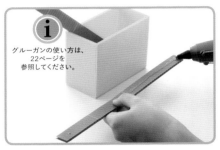

グルーガンの使い方は、22ページを参照してください。

2 2本の帯を箱の内側に接着します。端に開けた2つの穴がそろうようにしましょう。

穴の周りを接着して、串をしっかり固定してもよいでしょう。

3 帯と帯の間にボビンが入るように、一方の帯に金串を通しボビンを通してからもう一方の帯に金串を通します。

4 写真のように、箱の帯を付けた方と反対側の角の上から2cm、後ろ側から3cmのところに油性ペンで印を付け、千枚通しで穴を開けます。

5 もう1本の金串をこの穴に通します。これはクレーンのハンドルになりますので、金串が自由に回転できるようにします。

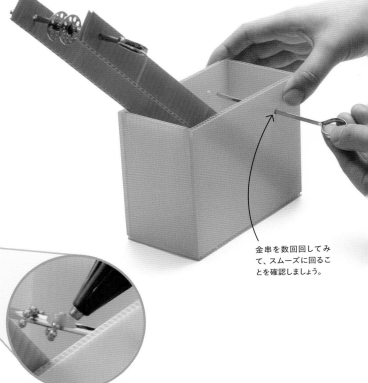

金串を数回回してみて、スムーズに回ることを確認しましょう。

6 チェーンの端を下の金串（ハンドルになる方）の真ん中に巻き付け、グルーガンで固定します。接着剤がかわいたら、金串を回してチェーンをすべて巻き取ります。

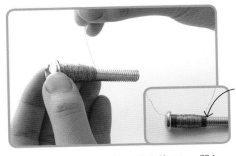

コイルがボルトの上を動かないように、巻いた端をテープで固定します。

7 次に、エナメル線の端を約15cm残して、ボルトの周りに600回程度しっかりと巻き付けます。巻き終わったらもう一方の端を15cm残して、エナメル線を切ります。

8 紙やすりで、ボルトに巻き付けたエナメル線の両端のコーティングを2.5cm削り、銅線を露出させます。これで、回路につなぐことができます。

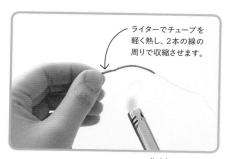

ライターでチューブを
軽く熱し、2本の線の
周りで収縮させます。

熱収縮チューブの
使い方は、
27ページを
参照してください。

9 スナップコネクタの線の被覆(ひふく)をはがします。エナメル線の一方に熱収縮チューブを通し、銅線をスナップコネクタの線に巻き付けます。熱収縮チューブをエナメル線とスナップコネクタの線の接合部分にかぶせるようにし、ライターで熱収縮させます。

10 エナメル線のもう一方の端をスイッチの端子の1つに巻き付けます。接続部分を固定するために、ハンダ付けしてもかまいません。

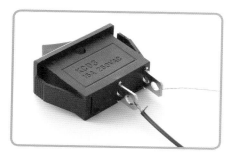

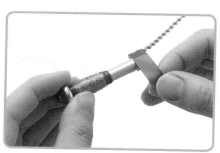

11 スナップコネクタの線をスイッチのもう一方の端子に巻き付けます。こちらも、接続部分を固定するためにハンダ付けしてもかまいません。

12 手順7のボルトの先端に、チェーンの端をしっかりとテープでとめます。

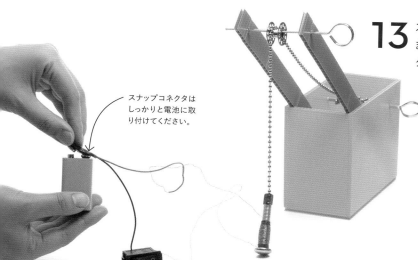

スナップコネクタは
しっかりと電池に取
り付けてください。

13 スナップコネクタを電池に取り付けます。スイッチをオンにし、ペーパークリップや鉄のくぎを近づけてみて、ボルトが電磁石になっていることを確認します。

注意!
エナメル線と電池が
加熱する可能性がありますので、
長時間スイッチを入れたままに
しないでください。

14 スイッチをオフにし、両面テープで電池とスイッチを箱の中に貼り付け、電磁石クレーンの完成です！

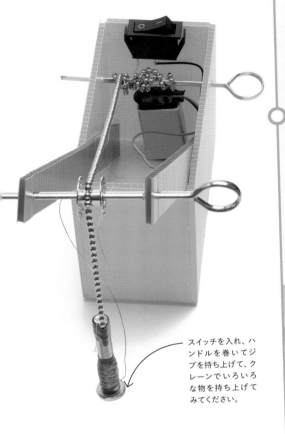

スイッチを入れ、ハンドルを巻いてジブを持ち上げて、クレーンでいろいろな物を持ち上げてみてください。

しくみを見てみよう

電流が流れると、磁場が発生します。電流が強いほど、磁場も強くなります。電磁石クレーンでは、鉄芯にボルトを使うこと、エナメル線を巻いてコイルにすることでより効果を高めて、鉄のくぎを引き付けます。

1. 電流が流れると、電線の周りに磁場が発生します。

2. 電線を巻いてコイルにすると、磁場はより強力になります。巻き数が多ければ多いほど、磁場は強くなります。

3. ボルトを使うと、ボルト自体が磁化されるため、磁場がさらに強くなります。

● 現実世界の応用例
金属スクラップ用クレーン

大型で強力な電磁石クレーンは、金属スクラップを回収するための回収所で使われています。このクレーンは、鉄をふくんでいる金属だけ回収することができます。金属スクラップの大半は、鉄と炭素の組み合わせである鋼であるため、電磁石クレーンで選別することができるのです。工場では、同様のクレーンを使って大きな鋼板を運んでいます。

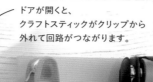

ドアが開くと、
クラフトスティックがクリップから
外れて回路がつながります。

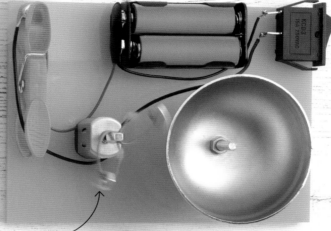

回路が動作すると、
モーターに取り付けられた
ナットが回転して
ベルを鳴らします。

ドアアラーム

Door alarm

だれかがドアを開けたときに
鳴るアラームをしかけて、
侵入者が部屋に入らないようにしましょう。
侵入者がドアを開くだけで電気回路がつながり、
2つの金属ナットがベルをくり返し鳴らして、
部屋の中の人に警告します。

ドアアラームを作ろう

このプロジェクトでは、ドアフレームにネジどめするところがありますので、必ず家族の方の許可をもらってから取り組みましょう。ここでは卓上ベルを分解して使っていますが、たたいて音が鳴るものであれば、何を使ってもかまいません。ベルを台座上に軽く固定するボルトも必要です。

時間	注意しましょう	難しさ
45分	ドリル、ハンダごて、グルーガンを使用します。	中級者

用意するもの

道具箱から

- ・ドリルとドリルビット
- ・端材とクランプ
- ・定規
- ・ワイヤーストリッパー
- ・ワイヤーカッター
- ・ハンダごてとハンダ
- ・グルーガン
- ・両面すき間テープ

（1個）SPSTスイッチ

（1本）ボルト

（1個）スナップコネクタ

（1個）卓上ベルのカップ部分

（2個）単3電池

（1本）ネジ

（1個）6Vモーター

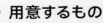
（1個）電池ボックス（スナップコネクタ端子付き）

（1個）洗たくバサミ

（9個）ナット

（1本）チェーン

（1本）クラフトスティック

（1枚）A6サイズのプラスチックの板（台座用）

より線（黒）20cm

ドリルの使い方は、23ページを参照してください。

机を保護するために、下に端材をしいておきましょう。

1 台座の角から約5cmのところに穴を開けます。ベルを固定するボルトの直径より少し広いドリルビットを使用します。

2 穴にボルトを通し、ナットを3つ、ねじ込んでとめます

3 3つのナットの上にベルを上下逆さまに通し、もう1つのナットで固定します。

ドリルを使うときは、
クランプでボードを
固定しましょう。

4 ベルの縁から約4cmのところに3mm
の穴を開けます。ここにモーターを取り
付けます。

ハンダ付けについては、
25～26ページを
参照してください。

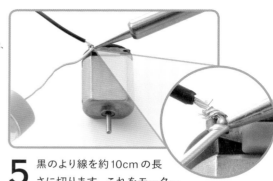

5 黒のより線を約10cmの長
さに切ります。これをモーター
端子の1つに巻き付けて、ハンダ付けします。

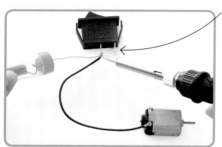

SPSTスイッチは、
2つの端子がつな
がったときにオンに
なるので、どちらの
端子にハンダ付けし
てもかまいません。

6 より線のもう一方の端をSPSTスイッチ
端子の1つにハンダ付けします。

7 スナップコネクタの赤と黒の電線の被
覆を約3cmはぎ取ります。黒い線を、
SPSTスイッチの残りの端子にハンダ付けし
ます。

8 手順5で作った10cmの黒のより線の
両端の被覆を約3cmはがし、モーター
端子のもう一方にハンダ付けします。

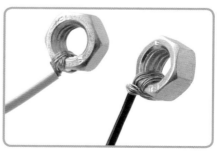

9 スナップコネクタの赤い線の端をナット
に巻き付け、モーターに取り付けられた
黒い線をもう1つのナットに巻き付けます。そ
れぞれの線がナットにしっかりと巻き付けら
れていることを確認してください。

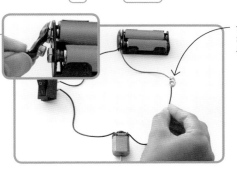

ナットを近づけたときに、少し火花が出るかもしれません。

グルーガンの使い方は、22ページを参照してください。

10 電池を電池ボックスに入れ、スナップコネクタを接続します。SPSTスイッチを切り替えて回路をテストします。2つのナットをふれさせるとモーターが回転します。

11 グルーガンで洗たくバサミを台座に貼り付けます。洗たくバサミのはさむ側と電池ボックスの位置がほぼ同じ高さになるようにします。

12 次に、グルーガンで、電池、スイッチ、モーターを台座に固定します。手順4で開けた穴の上にモーターを直接接着します。接着剤がモーターのシャフトに付かないようにしましょう。

スイッチをオンにするとアラームは動き始めますが、2つのナットが接触するまでモーターに電流は流れません。

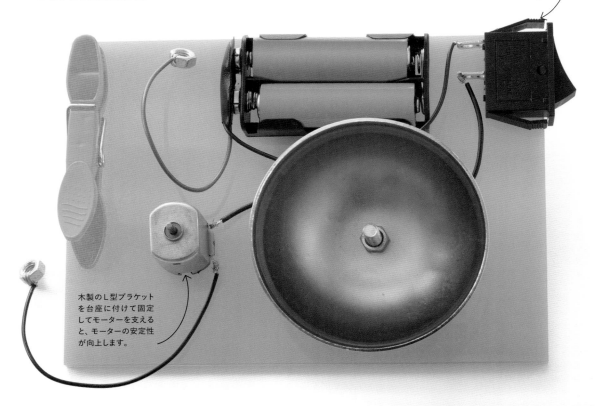

木製のL型ブラケットを台座に付けて固定してモーターを支えると、モーターの安定性が向上します。

ナットは1つずつ貼
り付け、2つがくっ
つかないように注
意しましょう。

13 手順9で電線を巻き付けた2つの
ナットを、洗たくバサミのはさむ側
の上と下に、それぞれ1つずつ接着します。

14 ナットをモーターシャフトの先に接
着します。接着剤をモーターに落と
さないように注意しましょう。また、ナットの穴
が接着剤で埋まらないようにしましょう。

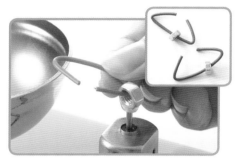

15 電線や針金（ビニタイなどでも可）
を2本切ります。半分に曲げたとき
に、モーターシャフトとベルに届く長さにしま
す。切った針金をナットに通して「U」字型に
曲げます。

針金を曲げて
輪を作ります。

16 モーターシャフトに取り付けたナッ
トに、ナットが付いた針金を通しま
す。ナットがベルの端に届くように、針金の長
さを調整してください。

17 針金の輪を閉じてグルーガンで接
着します。モーターが回転したとき
に針金に付いたナットがベルをたたくように
なっている必要があります。

ドリルで穴を開ける
ときは、クラフトス
ティックの下に端材
を置いてクランプで
固定しましょう。

18 クラフトスティックを半分に切り、端
近くに穴を開けます。この穴に
チェーンを取り付け、チェーンのもう一方の端
をドアの枠にネジで固定します（家の方の許
可をもらってくださいね！）。

19 両面すき間テープを使用して、この
アラームの台座をドアに取り付けま
す。洗たくバサミに取り付けたナットの間にク
ラフトスティックをはさみます。

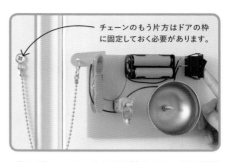

チェーンのもう片方はドアの枠
に固定しておく必要があります。

20 スイッチを切り替えます。ドアが開
くと、クラフトスティックが洗たくバ
サミから外れ、回路がつながってアラームが
鳴ります。

しくみを見てみよう

クラフトスティックは電気を通さない木で
できており、これが外れると回路がつな
がります。

回路が開いた状態

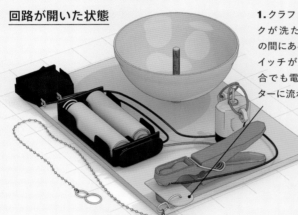

1. クラフトスティックが洗たくバサミの間にある間は、スイッチがオンの場合でも電流はモーターに流れません。

回路が閉じた状態

2. ドアが開くと、クラフトスティックが引き抜かれ、洗たくバサミが閉じて、回路に電流が流れます。

3. モーターが回転し、2つのナットがベルをくり返したたいてアラームを鳴らします。

● **現実世界の応用例**
冷蔵庫の庫内灯

冷蔵庫の扉を開けると、冷蔵庫内の
照明が自動的に点灯します。冷蔵
庫には、ドアのすぐ内側にバネ式の
スイッチがあり、ドアを閉めるとス
イッチがオフになります。ドアを開く
と、スイッチがオンになり、庫内灯が
点灯するしくみになっています。

無限鏡

Infinity mirror

どうすれば、普通の鏡の中が無限に続くように見えるようになるのでしょう？
LEDテープ、ハーフミラー（マジックミラー）＊フィルム、額縁かフォトフレーム、
そして鏡があれば、このような錯覚を作り出すことができます。
LEDテープからの光がフレーム内で何度も反射され、
遠くへ消えていくようなイメージを生み出すのです。

LEDテープの光は
ハーフミラーで反射を
くり返すとだんだん暗く、
小さくなっていきます。
これにより奥行きが
あるように感じられます。

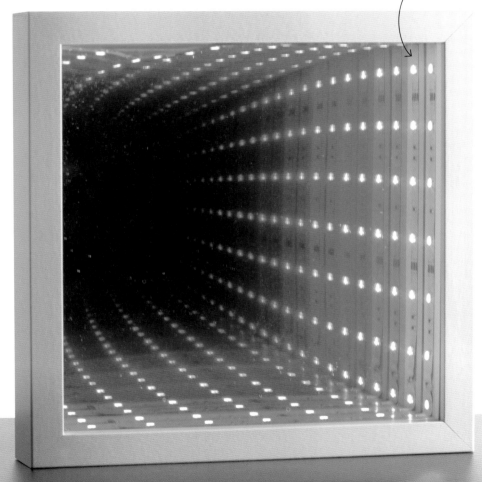

＊訳注：本プロジェクトでは、「ハーフミラー」と呼ばれる透過率50%、反射率50%のマジックミラーを使用しています。透過率の低いものでも利用は可能ですが、鏡の中が暗くなるため、奥行き感が小さくなる場合があります。

＊＊訳注：このプロジェクトでは、厚みがあり内枠が付いたフォトフレームを使用しています。「ボックスフレーム」や「シャドーボックスフレーム」などで検索すると見つけることができます。日本ではIKEAなどで取り扱いがあります。
https://www.ikea.com/jp/ja/p/sannahed-frame-white-80459122/
（上記URLは2020年9月時点での情報です）

無限鏡を作ろう

このプロジェクトには、内枠（うちわく）が取り外し可能な厚い額縁（がく）やフォトフレームが必要です。どのような大きさのフレームでもかまいませんが、鏡が外枠（そとわく）にぴったり合わなければなりません。使用するフレームの大きさを鏡に合わせるか、フレームに合ったサイズの鏡を探すか注文する必要があります（それが難しい場合は、ハーフミラーフィルムを使って手順2〜4と同じ手順で鏡を自分で作ってもよいでしょう）。割れると危険なので、鏡とガラスの取り扱いは慎重（しんちょう）に。

時間	注意しましょう	難しさ
20分	カッターナイフ、ドリル、家庭用電源を使用します。	初級者

用意するもの

道具箱から
・カッターナイフ
・カッティングマット
・定規
・ドリル
・8mmドリルビット
・はさみ

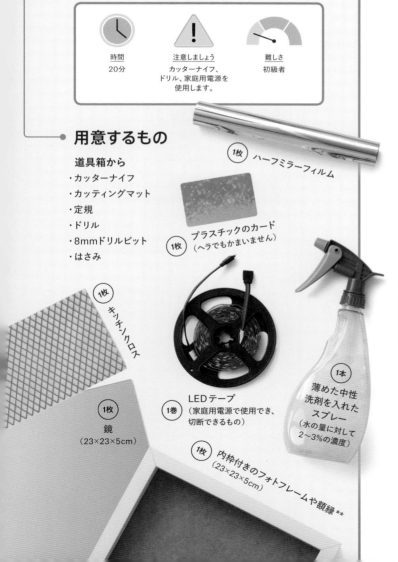

（1枚）ハーフミラーフィルム

（1枚）プラスチックのカード（ヘラでもかまいません）

（1枚）キッチンクロス

（1巻）LEDテープ（家庭用電源で使用でき、切断できるもの）

（1本）薄めた中性洗剤を入れたスプレー（水の量に対して2〜3%の濃度）

（1枚）鏡（23×23×5cm）

（1枚）内枠付きのフォトフレームや額縁 **

カッターナイフの使い方は、20ページを参照してください。

1 フォトフレームや額縁から、ガラス（プラスチック）の前面パネルを取り外します。パネルをハーフミラーフィルムにあて、パネルよりも少し広めに切ります。パネルに保護フィルムなどが付いている場合は、はがしておきます。

2 パネルを平らな面に置き、少量の中性洗剤をスプレーします。ハーフミラーフィルムがパネルに貼り付きやすくなります。

ハーフミラーフィルムが他の部分につかないよう、両手を使って作業しましょう。

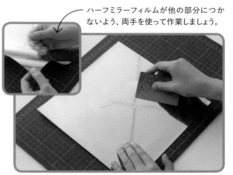

3 ハーフミラーフィルムの保護シートをはがして、ハーフミラーフィルムをパネルに貼り付けます。ヘラやプラスチックのカードを真ん中から外に向かって押し当てて、気泡を取りのぞいていきます。

曲尺（かねじゃく）を
あてて、手をケガしな
いようにしましょう。

4 タオルでパネルの水分をふき取り、カッ
ターナイフでハーフミラーフィルムの余
分な部分を切り取ります

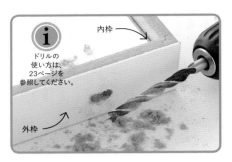

内枠

ドリルの
使い方は、
23ページを
参照してください。

外枠

5 フレームの外枠と内枠に同時に穴を開
けます。2つの穴を少し重ねるようにし
て開け、LEDテープの電源コードを通すのに
十分な大きさにしてください。

6 内枠を取り外し、LEDテープが内枠を
1周するのに必要な長さを計ります。

7 計った長さで LEDテープを切ります。
LEDテープは、切ることができる場所
は決まっています。必ず切り取り線に沿って
切りましょう。

8 LEDテープの端を内枠の穴に通します。

9 LEDテープの接着面の保護シー
ルをはがして、内枠の内側に貼り
付けます。LEDテープの裏側がシール
になっていない場合は、グルーガンま
たは両面テープで貼り付けてください。

角にLEDテープを
しっかりと押し込
んで固定します。

LEDテープの点灯
する部分がフレー
ムの内側を向くよ
うにしてください。

11 鏡を反射面がフレームの内側になるようにして置き、最後に裏面のパネルを取り付けて固定します。LEDテープを接続してスイッチをオンにします。

10 ハーフミラーフィルムの反射面を内側にして、パネルを外枠の中に置きます。その上に内枠を置きますが、このときLEDテープのコードを外枠のドリル穴に通しておきましょう。

鏡が外れないよう、金属製のタブで裏面パネルが固定されていることを確認しましょう。

LEDテープに付属のプラグをさし込みます。

しくみを見てみよう

無限鏡は、LEDの光を鏡とハーフミラーフィルムでくり返し反射させることで、鏡に無限の奥行きがあるように見せます。

1. LEDの光は、すべての方向に向かって出ます。

2. 光が鏡に当たると、前方に反射されます。

鏡

ハーフミラーフィルム

3. この反射光がフレームの前面にあるハーフミラーフィルムに当たると、半分の光が反射してもどり、半分の光がフィルムを通って出てくるため、中の光を見ることができます。

ハーフミラーフィルムで光が失われるため、鏡に反射する光はどんどん暗くなっていきます。

4. 反射光は、後ろ側の鏡とハーフミラーフィルムの間で何度も反射し、LEDのたくさんの像を作り出します。それぞれの像は元になった像よりも小さく、遠くにあるように見えるため、奥行きがあるような錯覚をあたえるのです。

LED

ハーフミラーフィルムを使うと無限鏡の中を見ることができるので、フレームの後ろ側に付けた鏡に映る自分を見ることができます。

● 現実世界の応用例
マジックミラー

警察の取調室には、無限鏡の前面にあるパネルのようなハーフミラーのパネルがあります。取調室の中にいる人には鏡のように見えますが、となりの部屋から見ている人には窓のように部屋の中が透けて見えています。

AMラジオ

AM radio

作り方さえわかれば、簡単に手に入る部品で
だれでもラジオの電波をつかまえることができます。
「AM」は「振幅変調」の略で、
無線信号を送信するひとつの方法です。
AM信号は長い距離を送信することができ、
ラジオ放送に使われた最初の方式でした。

空中の電波から
回路が抽出した音を、
イヤホンで再生します。

フェライトロッドに
巻かれた銅線のコイルが、
電波をつかまえます。

AMラジオを作ろう

イヤホンジャックが、イヤホンまたはヘッドホンに合うかどうか確認しておきましょう。作業の途中でハンダごてを使用することがあります。ハンダごてを安全に扱える場所で作業しましょう。

時間
40分

注意しましょう
ハンダごてと
グルーガンを
使用します。

難しさ
中級者

用意するもの

道具箱から
・定規
・セロハンテープ
・ワイヤーカッター
・紙やすり
・フレキシブルアーム
・ハンダごてとハンダ
・ワイヤーストリッパー
・ペンチ
・テスター
・グルーガン

30AWG のエナメル線
2.75m

1個
イヤホンジャック

1個
可変
コンデンサ

1個 100kΩ抵抗器

1個 1kΩ抵抗器

1本 フェライトロッド

1枚 プラスチックの板
（台座として使います）

1個
0.1uF
コンデンサ

1本
イヤホンまたは
ヘッドホン

2個
単3電池

単芯線
（黒）18cm

1個
電池ボックス
（スイッチ、電線付き）

1個
TA7642
AMラジオIC

1枚
ミニブレッド
ボード

1個
0.01uF
コンデンサ

単芯線
（赤）18cm

1 エナメル線の端を約10cm残して、フェライトロッドにテープでとめます。次に、エナメル線をフェライトロッドに約80回巻き付けます。エナメル線のもう一方の端を約10cm残して切り、テープで固定します。

フェライトロッドを使うことで、電波の感度を上げることができます。

2 紙やすりで、エナメル線の両端のコーティングを約2.5cmはがします。これにより銅線が現れ、両端で電気的に接続できるようになります。

ハンダ付けについては、25〜26ページを参照してください。

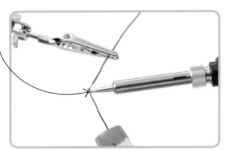

3 フレキシブルアームでエナメル線を固定し、露出した部分に予備ハンダを行います（予備ハンダについては、26ページを参照してください）。

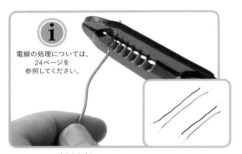

電線の処理については、24ページを参照してください。

4 赤の単芯線と黒の単芯線をそれぞれ8cmと10cmの長さに切ったものを、1組ずつ作ります。ワイヤーストリッパーで、4本の単芯線の両端から約1cm被覆をはがします。

単芯線をハンダ付けするとき、予備ハンダは溶けてしまいます。

5 ハンダとハンダごてで、4本の単芯線のそれぞれの端に予備ハンダをします。予備ハンダされた端は、可変コンデンサとイヤホンジャックを回路に接続します。

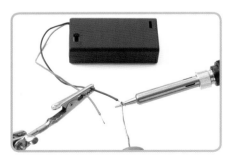

6 電池ボックスの電線の端を少し切り取り、端から約1cm被覆をはがします。被覆の中のより線をよってまとめ、フレキシブルアームで固定して、これらにも予備ハンダを行います。

7 コイルのエナメル線の予備ハンダされた端をラジオペンチで曲げて、小さなフックを作ります。

コイルと可変コンデ
ンサがラジオの電
波を検知します。

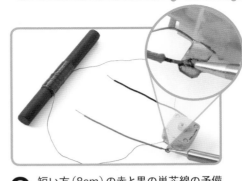

8 予備ハンダしたフックを可
変コンデンサの端子にハン
ダ付けします。どちらの端子につない
でもかまいません。

9 短い方（8cm）の赤と黒の単芯線の予備
ハンダした端をペンチで曲げます。曲げ
た部分を可変コンデンサの端子にハンダ付け
します。この場合も、どちらの端子につない
でもかまいません。

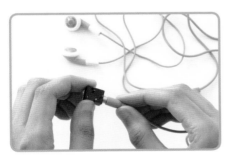

10 イヤホンジャックの端子のテストを
行うため、イヤホンをイヤホンジャッ
クにさします。

11 テスターを使って、イヤホンジャック
の端子をテストします。イヤホンか
ら出る音を聴いて、どちらの端子に電線を接
続するかを確認します。イヤホンの音を聴き
ながら、テスターのリードをあててみましょう。
ノイズ音が大きく聴こえたときに赤いリード
のつながっている方が、プラスの端子
になります。

赤のリード線を
あてている方が、
プラスの端子に
なります。

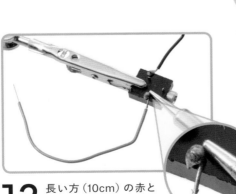

12 長い方（10cm）の赤と
黒の単芯線の予備ハン
ダされた端を、イヤホンジャックの端
子にハンダ付けします。黒い方をマイナス側
に、赤い方をプラス側に接続してください。

テスターの使い方は
28～29ページを
参照してください。

13 以下の写真にしたがって、部品をすべてミニブレッドボードにさし込みます。TA7642 AMラジオ IC の平らな面がブレッドボードの中央側を向くようにします。

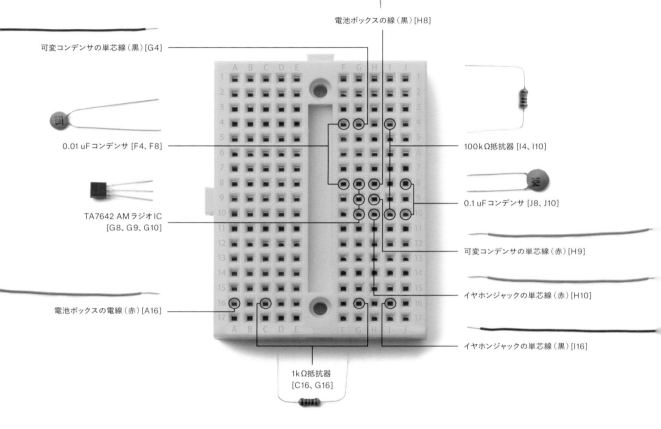

電池ボックスの線（黒）[H8]

可変コンデンサの単芯線（黒）[G4]

0.01 uF コンデンサ [F4、F8]

100 kΩ抵抗器 [I4、I10]

TA7642 AMラジオ IC
[G8、G9、G10]

0.1 uF コンデンサ [J8、J10]

可変コンデンサの単芯線（赤）[H9]

イヤホンジャックの単芯線（赤）[H10]

電池ボックスの電線（赤）[A16]

イヤホンジャックの単芯線（黒）[I16]

1kΩ抵抗器
[C16、G16]

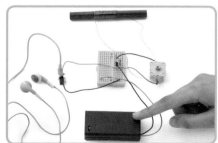

14 イヤホンを接続し、電池を電池ボックスに入れます。回路が正しく動作していれば、ノイズ音が聞こえます。

グルーガンの
使い方は、
22ページを
参照してください。

15 ノイズ音が聞こえない場合は、もう一度すべての接続を確認してください。ノイズ音が聞こえたら、すべての部品を台座に接着して固定します。可変コンデンサのつまみを調整しながら、AMラジオ局の放送を見つけましょう。

しくみを見てみよう

AM は「振幅変調（amplitude modulation）」の略です。「振幅」は波の高さを意味し、「変調」は何かを変化させることを意味します。AM ラジオ局は、搬送波の振幅を変えることで音を運びます。この搬送波の周波数が各局に割り当てられており、放送できるようになっています。これらの電波はコイルを通して AM ラジオに入ります。

● 現実世界の応用例

FM と DAB

1920年代に始まった最初のラジオ局は AM を使っていましたが、20世紀の終わりごろには周波数変調（FM）と呼ばれる放送方式を使ったラジオ局の方が多くなりました。その後、DAB方式*などのデジタルオーディオ放送によるラジオ局も登場しています。

*訳注：DAB方式によるデジタルラジオ放送が行われているのはイギリスなどのヨーロッパの一部の国で、日本では2020年7月時点で DAB方式によるデジタルラジオ局はありません。

1. 電波はコイルで受信されると電流に変わり、元の電気信号が忠実に再現されます。

2. これらの信号の1つを可変コンデンサで選択すると、TA7642 AM ラジオ IC に渡されます。

可変コンデンサのつまみを回して、さまざまなラジオ局を選ぶことができます。

4. イヤホンが音声信号を音に変換します。

音声信号は、イヤホンを通じて音楽と会話の音に変換されます。

3. TA7642 AM ラジオ IC は、電気信号から音声信号を抽出し、増幅します。

さまざまなラジオ局が電波を使って音声を放送します。

コイルが電波を拾い、その中から可変コンデンサで特定の周波数を選択します。

TA7642 AM ラジオ IC が信号を増幅（ぞうふく）します。

コンデンサが信号をなめらかにして、クリアな音声信号にします。

イヤホンが音信号を音に変換することで、元の音を聞くことができます。

 →  → 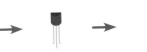 → →

多くの放送局の信号が混ざった状態

選択したラジオ局の信号をクリアにする前の状態

選択したラジオ局の信号をクリアにした後の状態

銅線を伸ばしたり
曲げたりして、
複雑な形状のコースを
作ることができます。

箱の中には
電池とブザーが
入っています。

ゲームをしないときは
スイッチで電源を
オフにできます。

ブザーゲーム

Buzzer game

あなたは自分の手を正確に操れる自信がありますか？
このゲームを作って試してみましょう！
銅線にさわらないように、スタートからゴールまで
銅線の輪をうまく動かしてみてください。
もしどこかにさわってしまったら、ブザーが鳴りLEDが点灯して、
失敗したことを知らせます。友だちといっしょに挑戦して、
だれが一番早くゴールにたどり着けるか競争してみましょう。

ブザーゲームを作ろう

プロジェクトを始める前に、箱を作るための材料を準備する必要があります。大人の人に手伝ってもらって、プラスチックや木で5枚の正方形を作ってもらいましょう。多くのブザーは約3Vから20Vの電圧で動作します。このプロジェクトでは9Vの電池を使用しています。

時間	注意しましょう	難しさ
60分	ドリル、グルーガン、ハンダごてを使用します。	上級者

用意するもの

道具箱から
- ドリル
- 端材とクランプ
- 3mmドリルビット
- 8mmドリルビット
- 紙やすり
- グルーガン
- ワイヤーストリッパー
- ハンダごてとハンダ
- ワイヤーカッター
- ペンチ
- ビニールテープ

1個 9V形電池

1個 SPSTスイッチ

1個 330Ω抵抗器

1個 スナップコネクタ

太めの裸銅線
（1m15cm、絶縁されていないもの）

1個 ブザー

5枚 プラスチックもしくは木のパネル（10cmx10cm）

1個 LED

より線（赤）6cm

より線（黒）50cm

ドリルの使い方は、23ページを参照してください。

1 3mmドリルビットを使って、箱の側面の中央にLED用の穴を開けます。そして、同じ面のLEDの穴から1cmのところに、銅線を通すのに十分な大きさの穴を2つ開けます。

2 別のパネルに3mmドリルビットで角に穴を開けます（写真右下）。別の角に、8mmドリルビットを使って、スイッチが収まるのに十分な大きさの長方形の窓を作ります（写真右上）。紙やすりで窓の内側の凹凸をなめらかにします（写真小）。

3 写真のように、グルーガンで4枚のパネルを接着します。

3つの穴のあるパネルが箱の上面になります。

グルーガンの使い方は、22ページを参照してください。

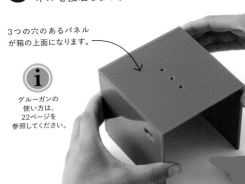

4 SPSTスイッチとLEDをそれぞれの穴にさし込みます。LEDをさし込んだら、足を箱の内側で広げて動かないようにしましょう。

電線の処理については、24ページを参照してください。

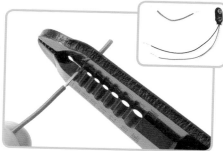

5 より線（赤）を約6cmに切り、両端の被覆をはがします。次に、スナップコネクタの電線の被覆をはがします。

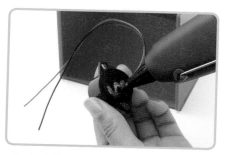

6 箱を横に傾けて、中が見えるようにします。箱の底面近く、手順5で作ったより線でスイッチと接続できる位置に、ブザーをグルーガンで接着します。

ハンダ付けについては、25〜56ページを参照してください。

それぞれの電線は、どちらの端子にハンダ付けしてもかまいません。

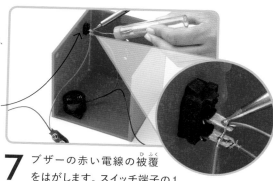

7 ブザーの赤い電線の被覆をはがします。スイッチ端子の1つに、スナップコネクタの赤い電線を巻き付け、もう1つの端子にブザーの赤い電線を巻き付けます。それぞれをハンダ付けします。

8 手順5で作った赤いより線の一端を、ブザーの赤い電線を巻き付けた方のスイッチ端子にハンダ付けします。

9 赤いより線のもう一方をLEDの短い足（マイナス側）にハンダ付けします。

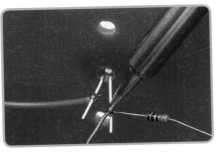

10 抵抗器の足（どちらの足でもかまいません）を、LEDの長い方の足にハンダ付けします。LEDの2本の足がふれていないことを確認してください。

11 ブザーの黒い電線の被覆を約3.5cmはがします。この線は、抵抗器と銅線に巻き付けます。

抵抗器とブザーの黒い電線をハンダ付けすれば、より安定させることができます。

12 抵抗器のもう一方の足をブザーの黒い電線の周りにしっかりと巻き付けます。被覆が付いてない部分を約2cm残すようにしましょう。

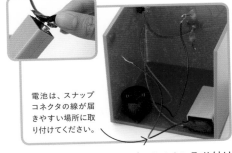

電池は、スナップコネクタの線が届きやすい場所に取り付けてください。

13 電池をスナップコネクタに取り付けます。グルーガンを使って、LEDとスイッチを箱に接着し、電池を箱の中に接着します。

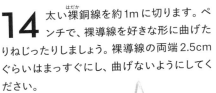

14 太い裸銅線を約1mに切ります。ペンチで、裸導線を好きな形に曲げたりねじったりしましょう。裸導線の両端2.5cmぐらいはまっすぐにし、曲げないようにしてください。

ループ、ひねり、折り返しが多いほど、ゲームはより難しくなります。

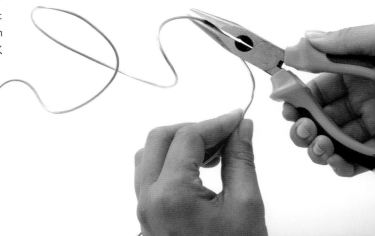

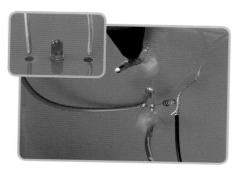

裸銅線にしっかりと
巻き付け、必要に応
じてハンダ付けして
固定します。

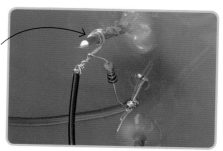

15 裸銅線の両端を、箱上面の穴にさ
し込んで、グルーガンで接着します。
箱にささった両端が、箱の内側に約1cm出て
いることを確認しましょう。

16 ブザーの黒い電線の端を、箱の中
の裸銅線の端の1つに巻き付けます。

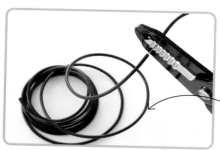

この線は、裸銅線の
スタートからゴール
に到達するまで動
かすのに十分な長
さが必要です。

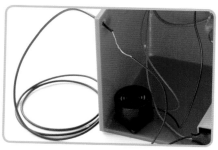

17 黒いより線を約50cmの長さに切り
ます。一方の端の被覆を約1cm、も
う一方の端の被覆を約3.5cmはがします。

18 箱の側面にある残りの穴に、黒いよ
り線の被覆を1cmはがした方を通
し、スナップコネクタの黒い電線の周りに巻
き付けます。

19 裸銅線をもう1本、約15cmの長さに
切ります。ペンチで、端を曲げて輪
を作ります。これが持ち手部分になります。

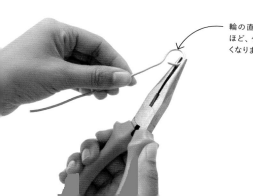

輪の直径が小さい
ほど、ゲームは難し
くなります。

20 持ち手部分のまっすぐな端に、手
順17で切った長い黒いより線の端
を巻き付けます。接続部分にビニールテープ
をしっかりと巻き付け、固定します。

回路に接着剤が付かないように気をつけましょう。

スイッチをオンにして遊びます。

21 グルーガンで、残りの箱のパネルを側面に取り付けます。箱の底は開いたままにしておきます。

22 ブザーゲームの完成です。持ち手部分の輪を裸銅線に通して遊びます。裸銅線のスタート地点からゴール地点まで、輪を動かせるかどうか確認しましょう。輪が裸銅線にふれると、ブザーが鳴り、LEDが点灯します。

しくみを見てみよう

もし、最後まで手に持った銅線の輪をコースにふれさせなければ、回路は接続されません。電流は流れませんので、ブザーは鳴らずLEDも点灯しません。つまり、あなたの勝ちということです！

2. 回路がつながると、抵抗器とLEDに電流が流れ、LEDが点灯します。電流の一部はブザーにも流れ、大音量でブザーを鳴らして失敗したことを知らせます。

● **現実世界の応用例**
バンパーカー

バンパーカーの内部には、タイヤとヘッドライトに電力を供給する電気モーターがあります。このアトラクションは、床と天井が電源に接続されています。車の金属製のポールが天井に接触し、車の底にある金属製の接点が床に接触しています。足元のペダルを踏んでいる間、モーターとライトに電流が流れるようになっているのです。

1. 輪がコースにふれると、回路がつながります。

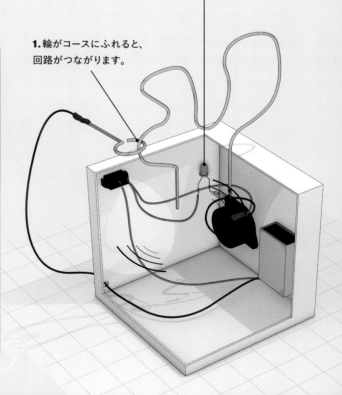

電動プロペラカー

Breadboard car

電池とモーターの力で
グングン進むプロペラカーを作ってみましょう。
ブレッドボードを車体にして、いくつかのジャンパー線と
部品を接続すればできあがります。
ヘッドライトになる LED と、動力となるプロペラを
回転させるモーターが付いています。

ブレッドボードを使えば、部品や
ジャンパー線をさし込むだけで
回路ができるので、とても簡単です。

電池は回路に
電流を供給します。

抵抗器（ていこうき）は
LED に流れる電流を
適切な量にします。

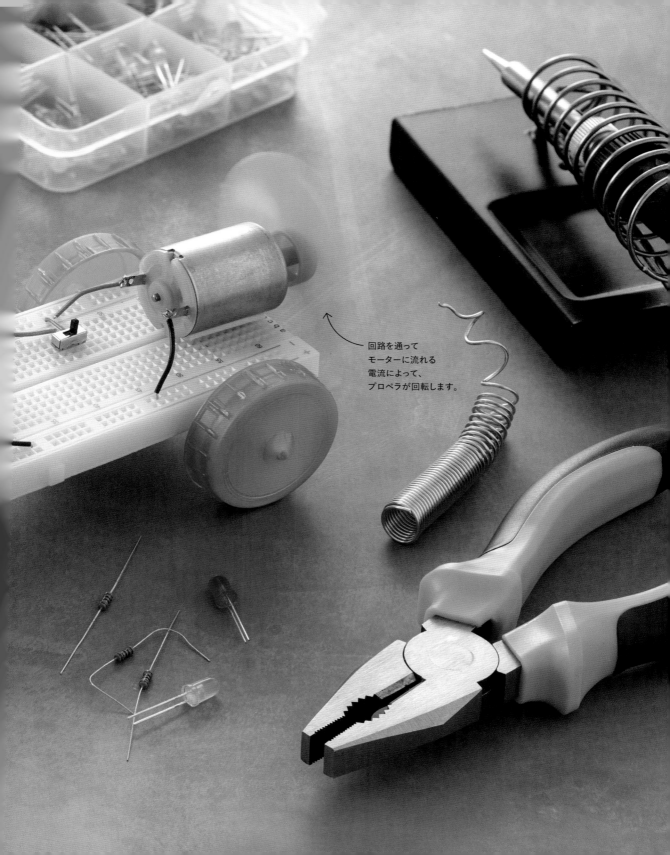

回路を通って
モーターに流れる
電流によって、
プロペラが回転します。

電動プロペラカーを作ろう

LEDとモーターを正しく配線するために、各手順をきちんと確認しながら進めていきましょう。モーターは9Vの電池で駆動します。モーターが熱くなった場合は、しばらく（数分間程度）スイッチをオフにして冷やしてください。ブレッドボードの詳細については、34〜35ページを参照してください。

時間
35分

注意しましょう
グルーガンと
ハンダごてを
使用します。

難しさ
中級者

用意するもの

道具箱から
・定規
・はさみ
・グルーガン
・ワイヤーカッター
・両面テープ
・ワイヤーストリッパー
・ペンチ
・ハンダごてとハンダ

4個
広口のボトルの
キャップ

1個
スナップ
コネクタ

1個
510Ω抵抗器

1個
3-9Vモーター

1個
プラスチック製プロペラ

単芯線（赤）6cm

2個
赤いLED

1個
SPSTスイッチ

単芯線（黒）4cm

2本
竹串

1枚
840ピンブレッドボード

2本
ストロー

1個
9V型電池

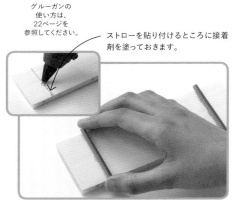

グルーガンの
使い方は、
22ページを
参照してください。

ストローを貼り付けるところに接着剤を塗っておきます。

1 ブレッドボードの裏側に、端から同じ長さの場所に印を2か所付けておきます。ストローを2本、ブレッドボードの幅より少し長めに切ります。グルーガンで、印をつけた場所にストローを貼り付けます。

2 竹串の先で、ボトルキャップの真ん中に穴を開けます。先がとがっているので、手をケガしないように注意しましょう。

3 2本の竹串をストローよりも3cmほど長く切ります。写真のように、竹串をストローに通して両端にボトルキャップを取り付けます。

4 竹串の両端に少し接着剤を付けて、ボトルキャップのタイヤを固定します。タイヤが竹串に対して直角であることを確認してください。

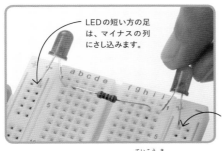

LEDの短い方の足は、マイナスの列にさし込みます。

LEDの長い方の足は、プラスの列にさし込みます。

5 写真のように、LEDと抵抗器をブレッドボードにさし込みます。抵抗器の向きはどちらでもかまいません。LEDの足をヘッドライトのように前方向に直角に曲げます。

電池の端子が後ろ向きになるようにしましょう。

6 電池と同じ大きさに切った両面テープで、電池をブレッドボードにさした抵抗器のすぐ後ろに固定します。

7 黒と赤の単芯線を約4cmに切ります。それぞれの端から1cmほど被覆をはがし、はがした端の一方を直角に曲げます。

8 単芯線の曲がっていない方の端を、モーターの端子にハンダ付けします。

(i) ハンダ付けについては、25～26ページを参照してください。

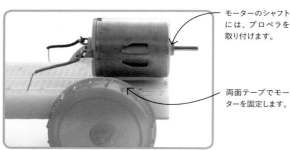

モーターのシャフトには、プロペラを取り付けます。

両面テープでモーターを固定します。

9 小さく切った両面テープで、モーターをブレッドボードの端に固定します。モーターのシャフト部分がブレッドボードの端から出るようにしましょう。

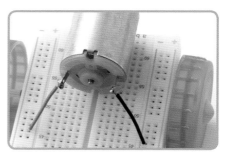

10 モーターの赤い単芯線をプラス列の穴にさし込み、黒い単芯線をマイナス列の一番近いところにさし込みます。

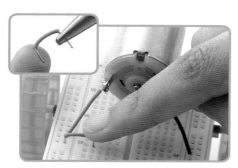

11 赤の単芯線を約2cmに切ります。両端の被覆（ひふく）をはがし、中の線のむき出した部分をペンチなどで曲げます。写真のように、両端をブレッドボードにさし込みます。

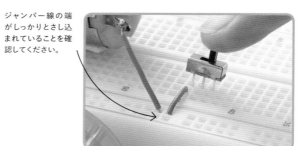

ジャンパー線の端がしっかりとさし込まれていることを確認してください。

12 写真のように、SPSTスイッチをブレッドボードにさし込みます。スイッチの端子の1つは、赤のジャンパー線と同じ行に接続します。

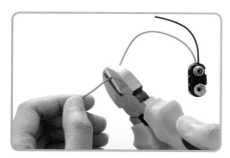

13 スナップコネクタを電池に接続します。スナップコネクタの電線の端から約0.5cm被覆（ひふく）をはがし、中の線をよってまとめます。

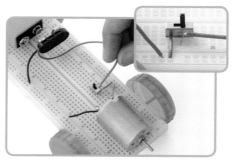

14 写真のように、スナップコネクタのマイナス（黒）側の線の端をマイナス列に、プラス（赤）側の線の端をスイッチの真ん中の端子のとなりにさし込みます。

16 プロペラを取り付けます。これで電動プロペラカーは完成です。スイッチを入れたときに車が前方向に進まない場合は、モーターの接続を切り替えて反対方向にプロペラが回転するようにします。

表面が平らでないところだと、タイヤがうまく回らないかもしれません。

プロペラをモーターシャフトに押し込んで取り付けます。

15 スイッチをオンにして、回路が動作していることを確認しましょう。正しく接続されていれば、LEDが2つとも点灯し、モーターが回転します。そうでない場合は、もう一度手順に沿って接続を確認しましょう。

しくみを見てみよう

スイッチを切り替えると、回路がつながります。電流が流れると、モーターのシャフトが回転し、LEDが点灯します。モーターが回転すると、プロペラが回転します。プロペラが回ると空気が押し出され、その力で車が前進します。車のスピードが上がっていくので、暴走しないように気をつけましょう！

● **現実世界の応用例**
ソーラー・インパルス2

ソーラー・インパルス2は、電動プロペラカーと同じように電気の力で飛ぶ飛行機です。プロペラを回転させる4つの強力なモーターを搭載しています。翼全体のソーラーパネルで太陽光エネルギーによって発電し、モーターを回すための電力が供給されます。ソーラーパネルからのエネルギーは電池に蓄えられているので、ソーラー・インパルス2は夜でも飛行することができます。

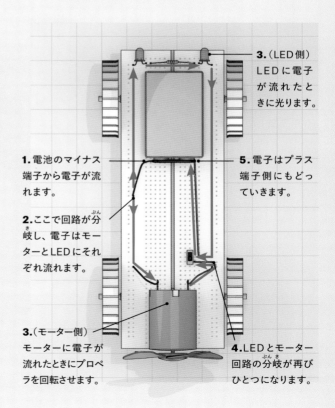

3.（LED側）LEDに電子が流れたときに光ります。

1. 電池のマイナス端子から電子が流れます。

2. ここで回路が分岐し、電子はモーターとLEDにそれぞれ流れます。

3.（モーター側）モーターに電子が流れたときにプロペラを回転させます。

5. 電子はプラス端子側にもどっていきます。

4. LEDとモーター回路の分岐が再びひとつになります。

へびロボット

Remote-controlled snake

リモコンを使えばテレビのチャンネルを変えたり、
ドローンを操縦したり、離れた場所で機械を操作できます。
このプロジェクトでは、リモコンで床を動く
へびロボットを操作します。
少し練習すれば、へびロボットをくねらせて
自由に動かすことができるようになります。

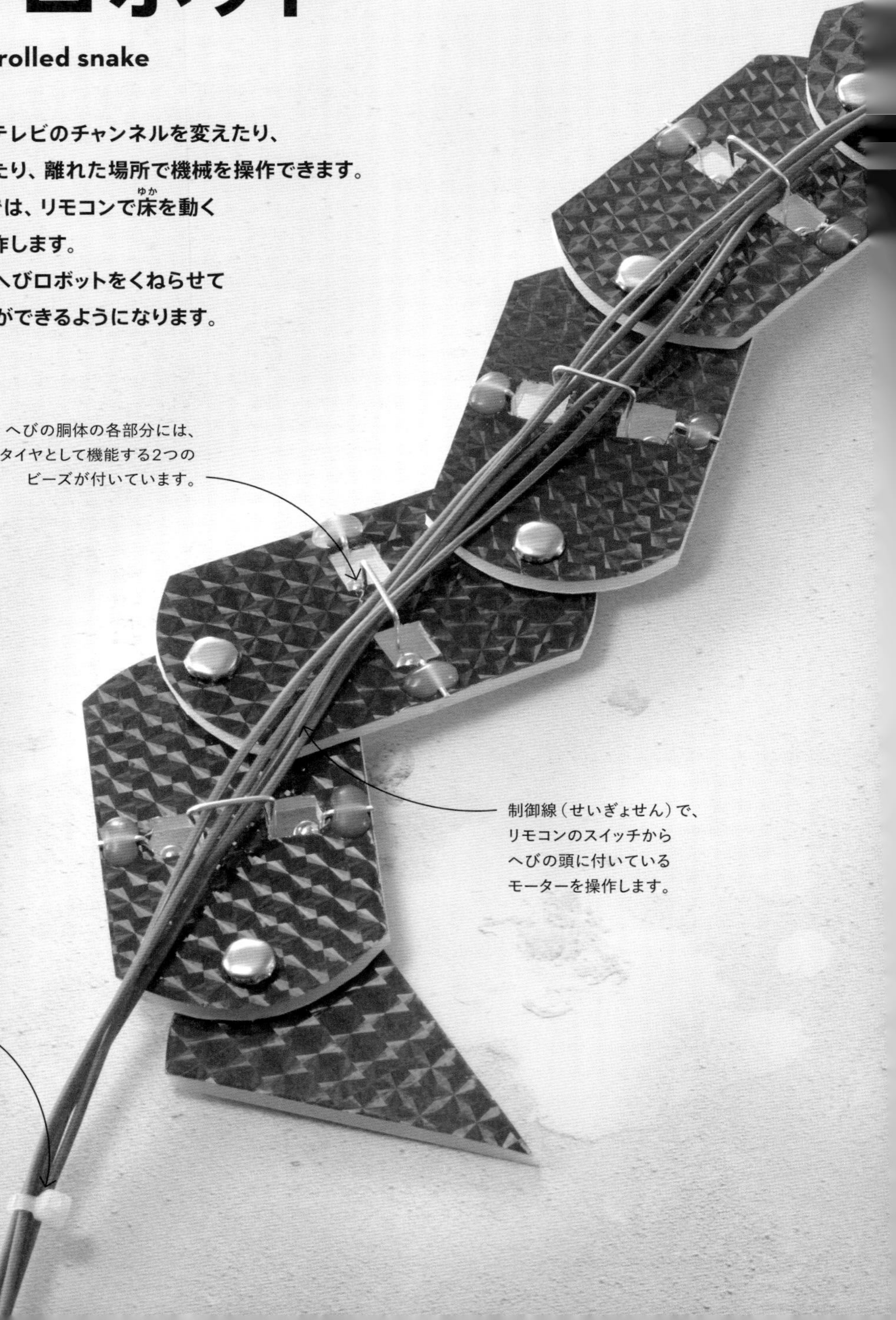

へびの胴体の各部分には、
タイヤとして機能する2つの
ビーズが付いています。

制御線（せいぎょせん）で、
リモコンのスイッチから
へびの頭に付いている
モーターを操作します。

結束バンドやテープで、
制御線を束ねます。

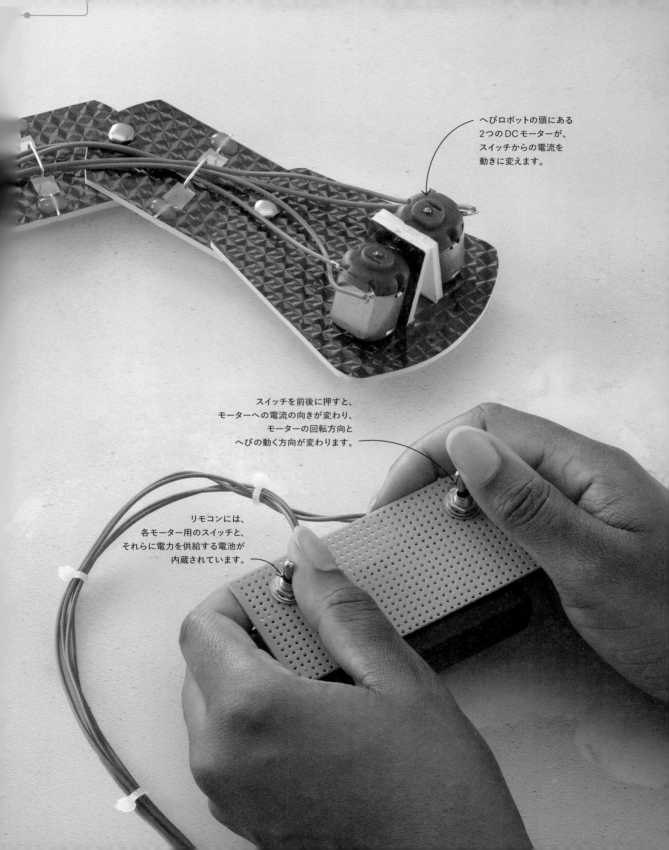

へびロボットの頭にある
2つのDCモーターが、
スイッチからの電流を
動きに変えます。

スイッチを前後に押すと、
モーターへの電流の向きが変わり、
モーターの回転方向と
へびの動く方向が変わります。

リモコンには、
各モーター用のスイッチと、
それらに電力を供給する電池が
内蔵されています。

へびロボットを作ろう

このプロジェクトのポイントはDPDTスイッチです。これにより、電流の向きを変えたり止めたりすることができます。へびの胴体をつなぐときは、接続部分が自由に動くことを確認してください。そうしないと、へびはくねくねと動きません。発泡スチロールの片面にラッピングペーパーなどを貼って、このロボットにいろいろな色をつけてみましょう。

時間	注意しましょう	難しさ
60分	カッターナイフ、グルーガン、ハンダごて、ドリルを使用します。	上級者

用意するもの

道具箱から

- ・カッターナイフ
- ・カッティングマット
- ・千枚通し
- ・定規
- ・ワイヤーカッター
- ・ペンチ
- ・グルーガン
- ・ワイヤーストリッパー
- ・ハンダごてとハンダ
- ・端材とクランプ
- ・ドリル
- ・6mmドリルビット
- ・両面テープ

（2個）3-12Vモーター

（1個）9V形電池用電池ボックス（スイッチ、電線付き）

（1個）9V型電池

（2個）DPDTスイッチ（オン／オフ／オン）

針金（アクセサリーなどで使われる細いもの）50cm

（7個）割りピン（15mm）

（1枚）ユニバーサル基板（10cm×5cm）

（1枚）ラッピングペーパー

（12個）ビーズ5mm

より線（黒）8cm

より線（赤）8cm

（1枚）発泡スチロール（A4）

型紙

この3つの型をトレースし、それを型紙として使用します。

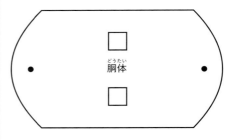

胴体

胴体用が6つ、頭用としっぽ用がそれぞれ1つ必要です。

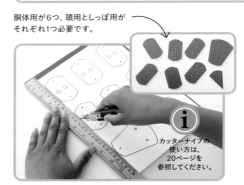

カッターナイフの使い方は、20ページを参照してください。

1 ラッピングペーパーを発泡スチロールに貼り付けます。それを裏返し、トレーシングペーパーで型紙の形を発泡スチロールに転写します。次に、カッターナイフでひとつひとつ切り出していきます。

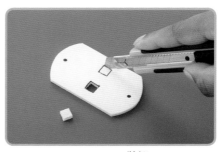

2 カッターナイフで、胴体用の部品から正方形、頭用の部品から丸を切り抜きます。

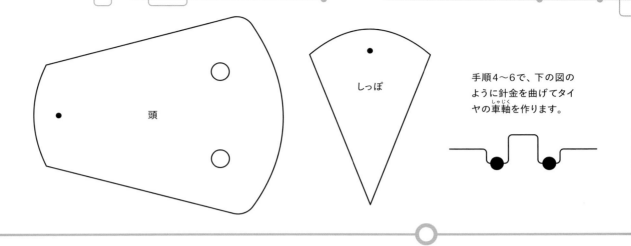

頭

しっぽ

手順4〜6で、下の図の
ように針金を曲げてタイ
ヤの車軸(しゃじく)を作ります。

千枚通しの使い方は、
24ページを
参照してください。

発泡スチロールの
下に粘着パテをあて
ると、穴を開けやす
く作業台を傷つける
こともありません。

3 千枚通しで、頭、胴体、しっぽのそれぞ
れに描かれた黒い丸の部分に穴を開
けます。

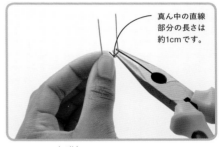

真ん中の直線
部分の長さは
約1cmです。

4 次に車軸(しゃじく)を作ります。針金を8cmに切
ります。型紙の右の図にしたがって、ペ
ンチで2つの直角を作り「U」字型になるよう
にします。

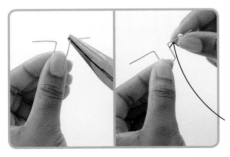

曲げた部分が同じ
高さになるようにし
ましょう。

5 曲げたところから1cmのところを2か
所さらに直角に曲げ、ビーズを針金に
通します。曲げた部分が同じ高さになるよう
にしましょう。

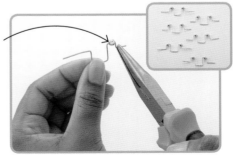

ビーズは胴体部分
のタイヤの代わりに
なります。

6 ビーズが抜けないように針金の端をさ
らに直角に曲げます。反対側も同じよ
うに曲げてください。この手順4〜6をくり返
して、6本の針金とビーズのセットを作ります。
これが車軸になります。

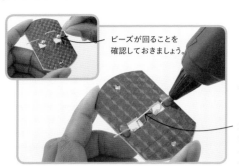

ビーズが回ることを
確認しておきましょう。

グルーガンの
使い方は、
22ページを
参照してください。

車軸の中央部分は、
発泡スチロールの
上部より上に出る
必要があります。

7 作った車軸を胴体の２つの四角い穴に
通し、ビーズが胴体の下に出るようにし
ます。車軸は、グルーガンで胴体に固定しま
す。

8 胴体からはみ出した針金の端を切り落
とします。

9 各胴体を、端にある穴に割りピンを通し
てつないでいきます。割りピンを上から
押し込み、足を外側に曲げて固定します。

割りピンを押し込むとき、
少し余裕を持たせて胴体
が動くようにしておきましょ
う。強くしめすぎると動き
が悪くなります。

発泡スチロールを完全に切
らないようにしましょう。

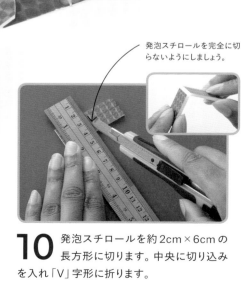

10 発泡スチロールを約2cm×6cmの
長方形に切ります。中央に切り込み
を入れ「V」字形に折ります。

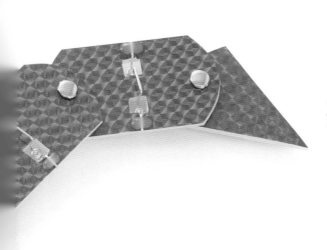

グルーガンの使い方は、
22ページを
参照してください。

モーターの端子が外
側に向いていること
を確認しましょう。

11 グルーガンでモーターを「V」型の台座の両側に取り付けます。モーターのシャフトは、切り込みが入っていない方を発泡スチロールに合わせるようにし、モーター本体と台座の下の端がそろうように取り付けます。

12 頭の部分にモーターを取り付け、シャフトが穴から出るようにします。

13 モーター台座をへびの頭の上部にグルーガンで接着し、モーターシャフトが穴の内側にふれていないことを確認します。

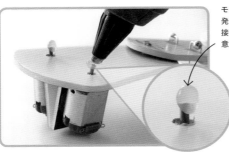

モーターシャフトを
発泡スチロールに
接着しないように注
意してください。

この電線が長ければ
長いほど、離れた場
所でへびロボットをコ
ントロールできます。

14 台座の接着剤がかわいたら、へびロボットをひっくり返して、グルーガンで接着剤のかたまりをモーターのシャフトの先端に作ります。

電線の処理については
24ページを
参照してください。

15 赤の電線を1.5メートルの長さで4本切ります。4本すべての電線の端の被覆をはぎ取ります。

16 各電線を4つのモーター端子にそれぞれハンダ付けします。

ハンダ付けについては、
25〜26ページを
参照してください。

17 胴体に付いている車軸の中に4本の赤い電線をすべて通します。

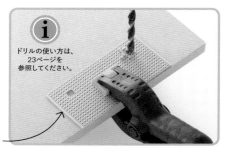

ドリルの使い方は、
23ページを
参照してください。

電池ボックスを付ける
ため、穴の下に3cm
以上のスペースをとる
ようにしましょう。

18 ユニバーサル基板の端から約2cm、側面から1cmのところ2か所に6mmの穴を開けます。この穴にDPDTスイッチを取り付けます。

19 DPDTスイッチをユニバーサル基板の穴にさし込み反対側からワッシャーとナットで固定します。

20 次に、2cmの短いジャンパー線を赤の電線で4本と、8cmの長いジャンパー線を黒と赤の電線で1本ずつ作ります。それぞれのジャンパー線両端の被覆をはがします。

21 写真のように、長い方の黒と赤のジャンパー線を、DPDTスイッチの中央の接続にハンダ付けします。ハンダ付けをするとき、粘着パテで基板を作業台に固定しましょう。

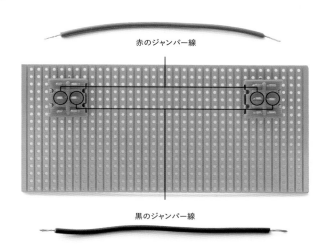

赤のジャンパー線

黒のジャンパー線

22 電池ボックスの電線の被覆をはがし、写真のように右側のスイッチにハンダ付けします。もし電線が長すぎるときは、長さを調整してください。

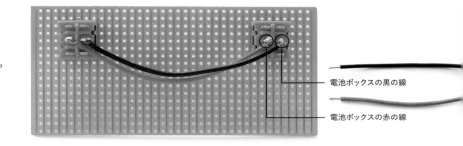

電池ボックスの黒の線

電池ボックスの赤の線

23 次に、写真のように4本の短いジャンパー線をスイッチ端子にハンダ付けします。

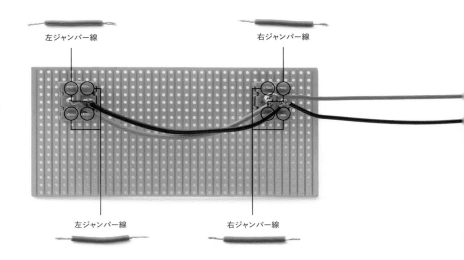

左ジャンパー線

右ジャンパー線

左ジャンパー線

右ジャンパー線

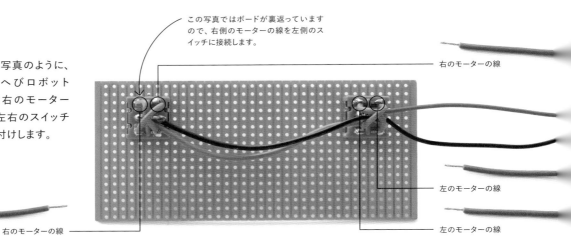

この写真ではボードが裏返っています
ので、右側のモーターの線を左側のス
イッチに接続します。

右のモーターの線

24 写真のように、へびロボットの頭の左右のモーターの線を、左右のスイッチにハンダ付けします。

右のモーターの線

左のモーターの線

左のモーターの線

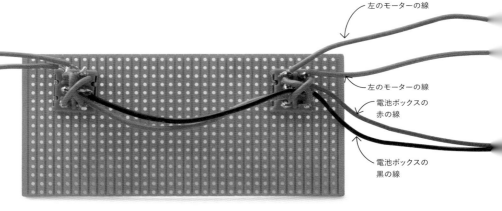

左のモーターの線

右のモーターの線

左のモーターの線

右のモーターの線

電池ボックスの赤の線

25 ハンダ付けが完了したら、スイッチの配線が写真のようになっていることを確認します。

電池ボックスの黒の線

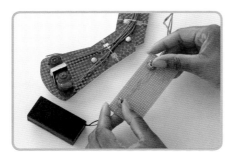

26 9V形電池を電池ボックスに入れ、スイッチを押したり手前に引いたりしてみてください。もしモーターが回転しなければ、もう一度電線の接続を確認してください。

電池ボックスは、ハンダ付けの接続部分から少し離して貼り付けましょう。

27 両面テープで電池ボックスをユニバーサル基板の下側に取り付けます。両方のスイッチを押したり引いたりして、へびが床をくねくねと動いていくのを確認しましょう。

しくみを見てみよう

モーターのシャフトは電流の向きによって、どちらの方向にも回転できます。モーターシャフトに付けた接着剤のかたまりが床をグリップし、モーターが回転すると床との摩擦によってへびロボットが動きます。

頭の動きが、タイヤと割りピンを通じて胴体へと伝えられます。

1. リモコンスイッチの向きによって、どちら向きに電流が流れるか（もしくはまったく流れないか）が決まります。

スイッチがニュートラル位置のとき、モーターに電流は流れません。

2. 両方のモーターが右に回転すると、へびロボットは右に動きます。

3. 右のモーターが左に回転し、左のモーターが右に回転すると、へびロボットは直進します。これを逆にすると、へびロボットはバックします。

4. 両方のモーターが左に回転すると、へびロボットは左に移動します。

● 現実世界の応用例

ワイヤレスリモコン

ドローンなどのほとんどのリモート制御機器とコントローラーはケーブルで接続されていません。その代わりに、コントローラーは機器が受信する制御信号を無線で送信します。制御信号は、デバイス上のそれぞれのモーターやライトを制御します。このプロジェクトでは電池がコントローラー側に付いていますが、無線制御の場合はコントローラーだけでなく、機器自体の中にもあります。

電子オルガン

Circuit organ

スイッチが押されたときに
鳴る音の高さは、
抵抗値によって決まります。

電子音楽では、ひとつひとつの音を
電流の振動（往復運動）によって生成します。
電流の振動速度が速いほど、より安定した音が鳴ります。
このプロジェクトでは、電子音楽を作り出す回路を
作ります。スイッチごとに違う音を
鳴らすことができます。

電子楽器をコントロール
する集積回路（IC）が、
振動電流を生成します。

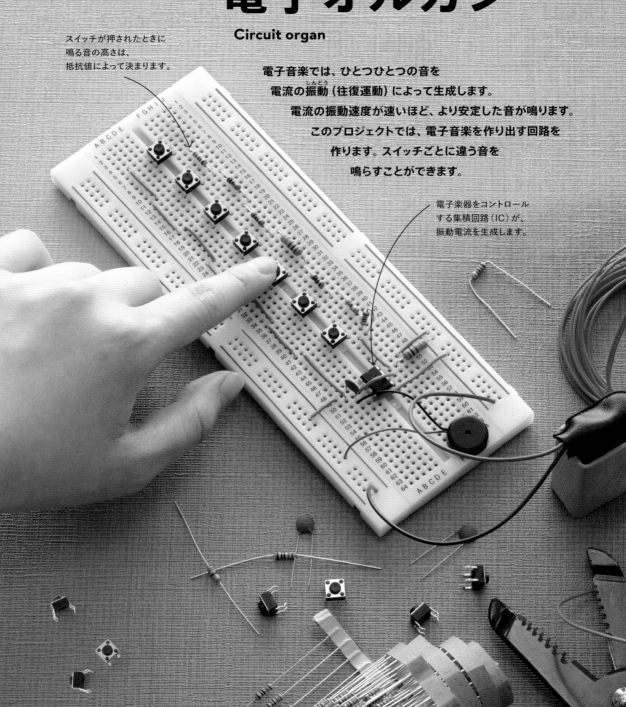

電子オルガンを作ろう

電子オルガンで使用する部品はすべてブレッドボードに取り付けます。スナップコネクタとブザーの電線がより線の場合は、開始する前にハンダごてで予備ハンダしておきましょう。

時間　25分

難しさ　初級者

用意するもの

道具箱から
・ワイヤーカッター

1個　9V型電池

7個　タクトスイッチ

1個　スナップコネクタ

1個　100uF コンデンサ

1個　圧電ブザー

1個　390Ω抵抗器

1個　620Ω抵抗器

1個　1.1KΩ抵抗器

1個　910Ω抵抗器

1個　1.3KΩ抵抗器

2個　1KΩ抵抗器

1個　6.2KΩ抵抗器

1個　555タイマーIC

1枚　840ピン ブレッドボード

単芯線 26cm

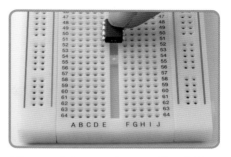

1 555タイマーICを、ノッチ（切り欠き）のない方が手前を向くようにして、四隅の足がブレッドボードのE49、F49、E52、およびF52の穴に入るようにさし込みます。

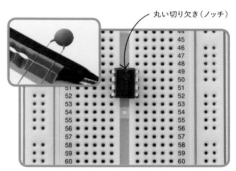

丸い切り欠き（ノッチ）

2 ブレッドボードにさし込んだときにちょうどよい高さになるよう、コンデンサの足を短く切ります。足をC49とC50の穴にさし込みます。向きはどちらでもかまいません。

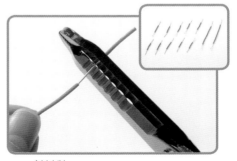

3 単芯線を、2cm×10本と3cm×2本に切って、ジャンパー線を作ります。ジャンパー線の端の被覆を6mmはがし、はがした部分を直角に曲げます。

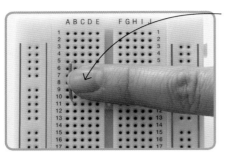

確実に接続できるように、奥までしっかりさし込みましょう。

4 短いジャンパー線の1つをブレッドボードのB5とB11にさし込みます。

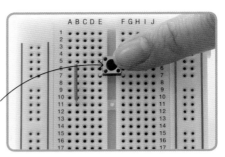

4本の足すべてがブレッドボードの端子にささるように、スイッチをしっかりと押し込みます。

5 タクトスイッチをブレッドボードのE5、E7、F5、およびF7にさし込みます。

6 写真の配置に沿って、ジャンパー線をブレッドボードにさし込んでいきます。

7 他のボタンスイッチを図のブレッドボードに配置します。各スイッチの間隔は穴3つ分になっていることを確認してください。

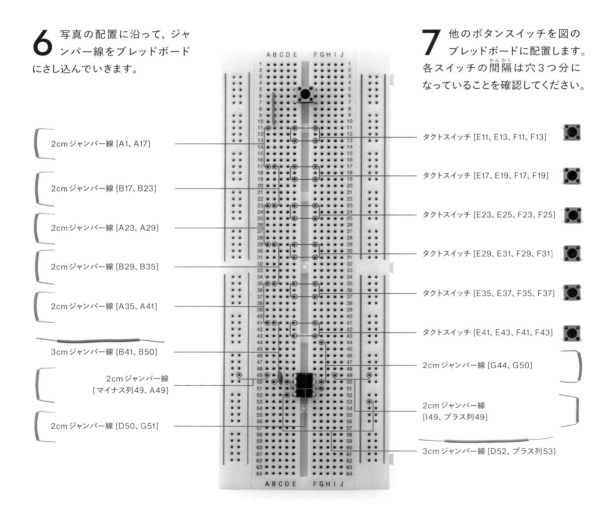

2cmジャンパー線 [A1、A17]

2cmジャンパー線 [B17、B23]

2cmジャンパー線 [A23、A29]

2cmジャンパー線 [B29、B35]

2cmジャンパー線 [A35、A41]

3cmジャンパー線 [B41、B50]

2cmジャンパー線 [マイナス列49、A49]

2cmジャンパー線 [D50、G51]

タクトスイッチ [E11、E13、F11、F13]

タクトスイッチ [E17、E19、F17、F19]

タクトスイッチ [E23、E25、F23、F25]

タクトスイッチ [E29、E31、F29、F31]

タクトスイッチ [E35、E37、F35、F37]

タクトスイッチ [E41、E43、F41、F43]

2cmジャンパー線 [G44、G50]

2cmジャンパー線 [I49、プラス列49]

3cmジャンパー線 [D52、プラス列53]

足を切る前に各抵抗器の足の長さを測って、どれだけ切ればよいのかを確認しましょう。

8 次に、抵抗器をブレッドボードに取り付けていきます。足を適切な長さに切る必要がありますが、まとめてやるのではなく1つずつ行っていくのがよいでしょう。

9 ジャンパー線と同じように、抵抗器の足を直角に曲げて、ブレッドボードにさし込みやすくします。

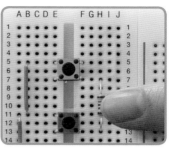

10 1.3kΩ抵抗器をH7とH13にさし込みます。

11 右の写真に沿って、抵抗器をブレッドボードにさし込んでいきます。抵抗器はどちら向きにさし込んでもかまいません。

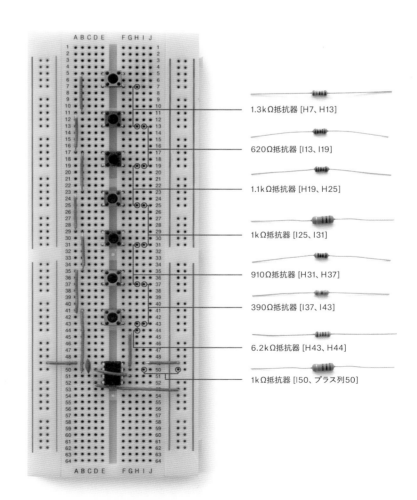

1.3kΩ抵抗器 [H7、H13]

620Ω抵抗器 [I13、I19]

1.1kΩ抵抗器 [H19、H25]

1kΩ抵抗器 [I25、I31]

910Ω抵抗器 [H31、H37]

390Ω抵抗器 [I37、I43]

6.2kΩ抵抗器 [H43、H44]

1kΩ抵抗器 [I50、プラス列50]

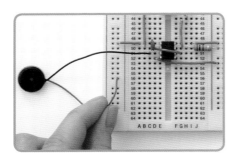

12 圧電ブザーの黒い電線をC51にさし込み、赤い電線をマイナス列56にさし込みます。

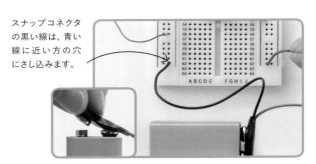

スナップコネクタの黒い線は、青い線に近い方の穴にさし込みます。

13 写真のように、スナップコネクタを電池にはめ込み、黒の電線を左側のマイナス列62に、赤の電線を右側のプラス列62にさし込みます。

14 これでオルガンが完成しました。タクトスイッチを押すとブザーが鳴ります。それぞれのタクトスイッチを押すと、異なる高さの音が鳴ります。

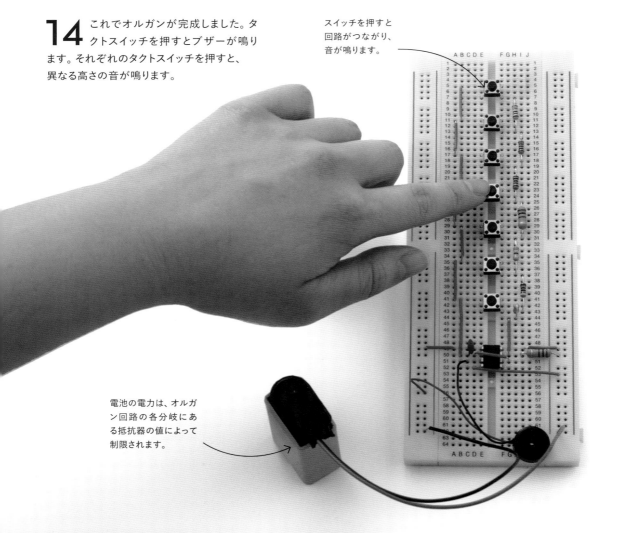

スイッチを押すと回路がつながり、音が鳴ります。

電池の電力は、オルガン回路の各分岐にある抵抗器の値によって制限されます。

しくみを見てみよう

集積回路（IC）は、連続したパルス（短時間に起こる電流の波）を生成して、圧電ブザーから音を鳴らすことができます。1秒あたりのパルス数が多いほど、高い音が出ます。回路内で接続された抵抗値の合計で、ICが1秒間に生成するパルスの数が変わり、音の高さも変わります。

1.抵抗値が小さいほど、ピッチ（音程）が高くなります。ICに一番近いタクトスイッチを押すと、回路内の抵抗は6.2kΩのみとなるため、高音が鳴ります。

どのボタンを押すかによって、抵抗値の異なる回路ができあがります。

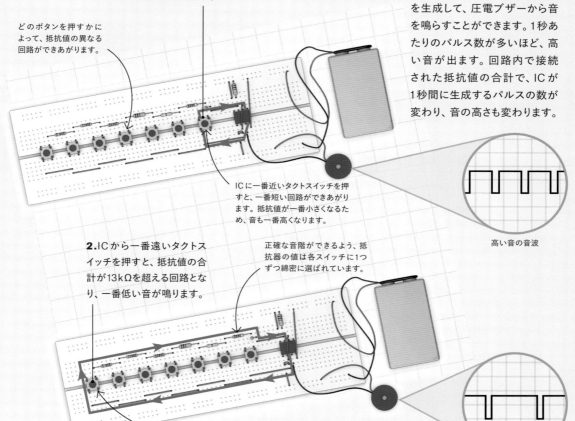

ICに一番近いタクトスイッチを押すと、一番短い回路ができあがります。抵抗値が一番小さくなるため、音も一番高くなります。

高い音の音波

2.ICから一番遠いタクトスイッチを押すと、抵抗値の合計が13kΩを超える回路となり、一番低い音が鳴ります。

正確な音階ができるよう、抵抗器の値は各スイッチに1つずつ綿密に選ばれています。

ICから最も離れたスイッチを押すと、最長の回路が完成します。抵抗が最も大きくなるため、ピッチも最も低くなります。

低い音の音波

● 現実世界の応用例
ピアノ

電子オルガンのように、ピアノは高音から低音までさまざまな音を鳴らせます。ピアノは、鍵盤（けんばん）をたたくとハンマーが弦（げん）をたたき、音が鳴ります。短くて細い弦は、長くて太い弦よりも高い音が鳴ります。

ペットボトル船

Bottle boat

スクリュープロペラで動く船を水辺で走らせよう！
この船は、電池で動く２つのモーターを使って
スクリュープロペラを回転させます。
スクリュープロペラの羽根が回転運動を
推力（すいりょく）に変えるので、この力によって船が前進します。
船を水に浮かべてスイッチオン、君の船を走らせよう！

スイッチを入れると、
船の２つのモーターに
電流が流れます。

船のモーターが
２つのスクリュープロペラを
回転させて、
水面を進みます。

2つの単3電池が
この船の動力源になります。

船体にはペットボトルを
使います。

*訳注：電気部品は水にぬれると壊れる可能性があります。
船の中に水が入らないよう注意して作業しましょう。

ペットボトル船を作ろう

このプロジェクトの難しいところは、モーターを載せる台座を船尾（後部）に作ることと、水が入らないようにすることです。アクリルパイプはホームセンターなどで購入できます。内径がプロペラシャフトよりも大きいものを用意しましょう。

🕐	⚠️	🌡️
時間	注意しましょう	難しさ
60分	カッターナイフ、千枚通し、グルーガン、ハンダごてを使用します。	中級者

用意するもの

道具箱から
- カッターナイフ
- 千枚通し
- カッティングマット
- グルーガン
- 定規
- ワイヤーカッター
- ワイヤーストリッパー
- ハンダごてとハンダ
- フレキシブルアーム
- 両面テープ

②個 6Vモーター

①個 電池ボックス（スナップコネクタ端子付き）

②個 単3電池

①個 SPSTスイッチ

②本 金属製プロペラシャフト

より線（黒）20cm

②個 小型スクリュープロペラ

①個 スナップコネクタ

①枚 ポリスチレンボード

②本 ボールペン（使い古しのもので大丈夫）

①本 アクリルパイプ

より線（赤）20cm

①本 ペットボトル（側面がまっすぐなもの）

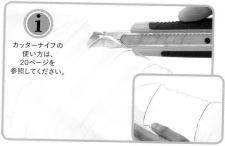

カッターナイフの使い方は、20ページを参照してください。

1 カッターナイフで、ペットボトルの片側の中央を写真のように長方形に切り取ります。切りすぎないように注意しましょう。

2 ペットボトルの底に近いところに、SPSTスイッチより少し小さい長方形を切り取ります。手順1で開けた大きい穴の中央に合わせるようにしましょう。

千枚通しの使い方は、24ページを参照してください。

3 千枚通しでペットボトルの底、中央よりも上のところに2か所穴を開けます。この穴は、アクリルパイプの直径よりも少し大きくします。

4 カッターナイフを使って、アクリルパイプをプロペラシャフトよりも1cm程度短い長さになるように切ります。同じ長さのものを2本用意しましょう。

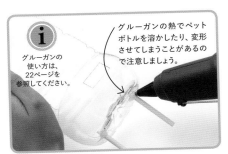

グルーガンの使い方は、22ページを参照してください。

グルーガンの熱でペットボトルを溶かしたり、変形させてしまうことがあるので注意しましょう。

5 アクリルパイプをペットボトルの底の穴にさし込み、約30°の角度で下向きにしてグルーガンで接着します。

モーターがペットボトルの底の穴に届くようにする必要があります。台座になる長方形を少し多めに作っておきましょう。

6 次に、ポリスチレンボードからモーター用の台座を作ります。ポリスチレンボードをペットボトルと同じ幅、モーターと同じ長さの長方形に切ります。また、モーターに角度を付ける2つのランプ（傾斜を付けるパーツ）も切っておきましょう。

7 長方形の台座をグルーガンで接着します。ポリスチレンを溶かす可能性があるため、グルーガンのノズルを表面に近づけすぎないでください。

不要な部分は捨ててもかまいません。

8 ペットボトルの内側にぴったりと収まるように、ポリスチレンを切りましょう。

9 次に、接着したポリスチレン台座の上部の両側に、2つの三角形のランプを接着します。

三角形のランプと手順5でペットボトルの底に取り付けたアクリルパイプとの間隔がそろうようにします。

10 ポリスチレン台座の下側に接着剤を付けて、ペットボトルの底の部分に固定します。

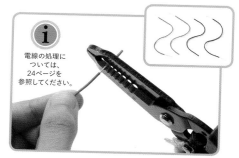

電線の処理については、24ページを参照してください。

11 赤と黒のより線をそれぞれ約10cmの長さで2本ずつ切り、被覆をはがして予備ハンダを行います。スナップコネクタの電線も被覆をはがして予備ハンダしておきます。

ハンダ付けについては、25〜26ページを参照してください。

12 各モーターの端子に黒のより線を1本ずつハンダ付けします。次に、赤のより線をもう一方の端子にハンダ付けします。

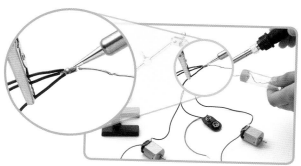

13 モーターの黒いより線とスナップコネクタの黒い電線をハンダ付けして、T字型に接続にします。

14 モーター、電線、スナップコネクタを船体の中に取り付けます。手順2でSPSTスイッチ用に開けた小さい方の長方形の穴に、赤い線を通します。

スイッチをハンダ付けするときは、フレキシブルアームを使用してスイッチを固定しましょう。

内側のSPSTスイッチ端子

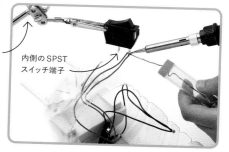

15 モーターの赤い電線を外側のSPSTスイッチ端子にハンダ付けして、T字型に接続します。次に、スナップコネクタの赤い電線をスイッチの内側の端子にハンダ付けします。

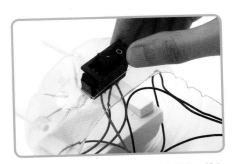

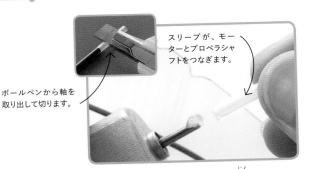

スリーブが、モーターとプロペラシャフトをつなぎます。

ボールペンから軸を取り出して切ります。

16 SPSTスイッチを穴にさし込み、外れないようにします。スイッチと穴の間に、線をはさまないように注意しましょう。

17 次に、ボールペンから軸を取り出します。軸の端を1cm切って、スリーブ（細いパイプ）を作ります。グルーガンで、モーターの軸にスリーブを固定します。

18 両面テープを短く切って、モーターをポリスチレン台座のランプに貼り付けます。

グルーガンで固定してもかまいません。

スクリュープロペラとシャフトは抜けないようにしっかりとつないでおきましょう。

台座を船体の中に貼り付けます。

19 2つのスクリュープロペラをそれぞれ、金属製のシャフトに押し込みます。シャフトをアクリルパイプに通し、各スリーブにしっかりとさし込みます。

20 ポリスチレンボードを、電池ボックスを載せるのに十分な大きさの長方形に切り取ります。実際に電池ボックスをあてて目安にしましょう。

21 グルーガンで電池ボックスを手順20で作った台座に貼り付け、スナップコネクタを電池ボックスに接続します。

しくみを見てみよう

使用するプロペラの種類によって、推進力が変わります。船のプロペラはスクリュープロペラと呼ばれます。プロペラブレード（プロペラの羽根）の曲線はネジ山に似ています。

1. 船のスイッチを押すと、回路がつながります。

ペットボトルのまっすぐな面が、水中で回転するのを防ぎます。

2. モーターに電気が流れ、モーターのトルク（回転力）がスクリュープロペラに伝わります。

ペットボトルは先が細くなっているので、流れる水をよく切り、抵抗（ていこう）が少なくなります。

ここで電流が分かれます。これは、モーターが並列に接続されているからです。その結果、どちらにも同じ量の電流が流れます。これは、船がまっすぐに進むためにとても重要なことです。もしどちらかが強いと船はまっすぐ進みません。

電池ボックスを船体の中央に配置すると、船の安定性が向上します。

22 グルーガンで、電池ボックスの台座を船体の底に貼り付けます。ペットボトル船の準備が整いました。船の電源をオンにして水に浮かべてみましょう。

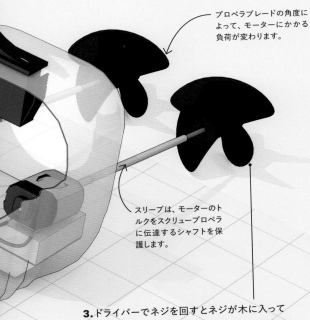

プロペラブレードの角度によって、モーターにかかる負荷が変わります。

スリーブは、モーターのトルクをスクリュープロペラに伝達するシャフトを保護します。

3. ドライバーでネジを回すとネジが木に入っていくのと同じように、スクリュープロペラが回ると水を押す力を生み出します。ただし、木材と違い水は液体であるため、スクリュープロペラは水を後方に押して、船を前進させます。

● 現実世界の応用例
エマ・マースク スクリュープロペラ

これまでに製造された最大のスクリュープロペラは、2006年に就航したデンマークのコンテナ船「エマ・マースク」号のものです。その直径は約10mで、大人の象3頭分の高さになります。銅製で、質量は125トンを超えるものです。

パイプステレオ

Pipe stereo

高価な小型のステレオスピーカーも、
自分で作れば安く作ることができます。
スマートフォンのオーディオ信号は、
アンプと呼ばれる回路を通ります。
アンプを通るときにオーディオ信号が増幅（そうふく）され、
2つのスピーカーから聴こえるようになります。

スマートフォンは、
音楽やビデオを再生するときに
オーディオ信号を生成します。

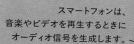

このステレオの本体は、
ホームセンターなどで
売られている塩化ビニール製の
パイプでできています。

スピーカーには、
振動（しんどう）して音を出す
コーン紙が付いています。

パイプステレオを作ろう

この作品では、アンプと呼ばれる既製の電子回路が必要です。USBケーブルで給電できる、5Vで動作するものを準備してください。USBタイプのACアダプタ（コンピューターやスマートフォンの充電に使用されるもの）に接続して使います。材料や電線を切る、ハンダ付けをするなどたくさんの作業がありますので、時間に余裕を持って取り組みましょう。

時間	注意しましょう	難しさ
60分	金のこ、ハンダごて、グルーガン、家庭用電源を使用します。	上級者

用意するもの

道具箱から
・油性ペン
・定規
・テープ
・端材
・金のこ
・紙やすり
・ワイヤーカッター
・ワイヤーストリッパー
・フレキシブルアーム
・ハンダごてとハンダ
・テスター
・8mmドリルビット
・ドリル
・グルーガン

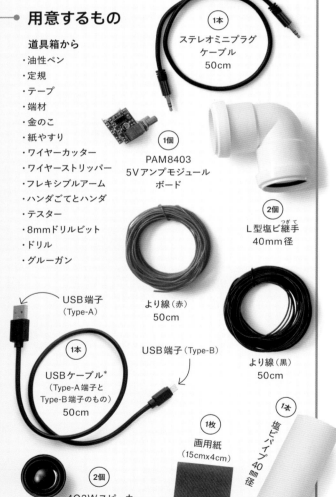

1本
ステレオミニプラグ
ケーブル
50cm

1個
PAM8403
5Vアンプモジュール
ボード

2個
L型塩ビ継手
40mm径

より線（赤）
50cm

より線（黒）
50cm

USB端子
（Type-A）

USB端子（Type-B）

1本
USBケーブル*
（Type-A端子と
Type-B端子のもの）
50cm

1枚
画用紙
（15cm×4cm）

1本
塩ビパイプ
40mm径

2個
4Ω3Wスピーカー
（直径40mm以内のもの）

*訳注：使用するUSBケーブルは、
一方がType-Aであれば、もう一方は
Type-B以外のもので代替できます。

この紙は、パイプをまっすぐに切るための目印として使います。

1 パイプの端から13cmのところに印を付けます。画用紙の端を印の位置に合わせてパイプに巻き付け、テープでとめます。

ℹ️ 金のこの使い方は、21ページを参照してください。

2 テーブルまたは作業台の端にパイプを置いて、紙の端を目印にしてパイプを切ります。パイプの切り口は、紙やすりで削ってなめらかにします。

電線の処理については、24ページを参照してください。

白い線は、ステレオの左チャンネルのオーディオ信号を送ります。

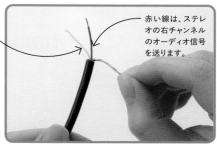

赤い線は、ステレオの右チャンネルのオーディオ信号を送ります。

3 ステレオミニプラグケーブルの片方のプラグ部分をワイヤーカッターで切り取ります。切り取ったら、中の電線を切らないように注意しながら、外側の被覆を約2.5cmはがします。

4 中の赤と白の電線を分離させ、端から1cmほど被覆を取りのぞきます。中の細い銅線をすべてより合わせます。

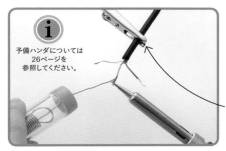

予備ハンダについては26ページを参照してください。

予備ハンダをするときには、フレキシブルアームで電線を固定しましょう。

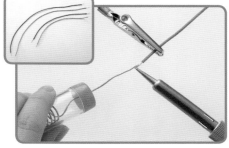

5 3本の電線の被覆をはがした部分に予備ハンダを行います。これにより、後でハンダ付けがしやすくなります。露出した銅線はグラウンドで、この線は先端だけを予備ハンダしてください。

6 赤と黒のより線をそれぞれ約30cmの長さに切ります。次に、約20cmに切ったものをもうひと組（赤と黒）作ります。端から約1cm被覆をはがし、それぞれの端に予備ハンダをします。

7 両方のスピーカーの端子も予備ハンダをします。これで、電線を接続しやすくなりました。

端子はこのように見えているはずです（スピーカーの本体から突き出ている端子）。

ハンダごてを使用するときは、やけどをしないように注意しましょう。

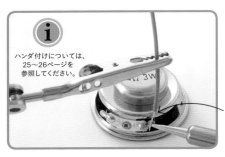

ハンダ付けについては、25〜26ページを参照してください。

端子の両端に電線を付けて、スピーカーの後ろ側に回します。

8 スピーカーの端子に、赤と黒のより線（20cm）の予備ハンダした端をハンダ付けします（赤をプラスの、黒をマイナスの端子に接続）。もう一方のスピーカーにも、より線（30cm）を同様にハンダ付けします。

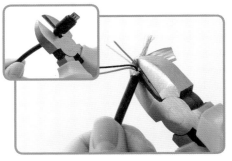

9 USBケーブルのType-B端子を切り取ります。切り取ったら、外側の被覆をはがします。中の電線を分離させて、4色（赤・白・黒・緑）の電線以外を切り取ります。

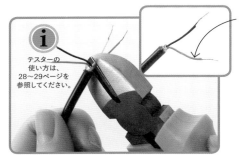

テスターの使い方は、28〜29ページを参照してください。

一般的には、赤と黒の電線がそれぞれ＋と−です。

10 USBケーブルをUSBコネクタにさし込みます。テスターで4本の電線の＋と−を確認し、被覆をはがして予備ハンダをします。＋と−以外の2本は切り取ります。

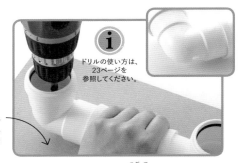

ドリルの使い方は、23ページを参照してください。

作業台を保護するため、穴を開けるときは端材をしきましょう。

11 2つのL型塩ビ継手をまっすぐなパイプにさし込み、各L型継手の背面中央に直径約8mmの穴を開けます。

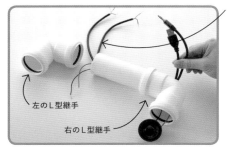

まっすぐなパイプにすべてのケーブルを通します。

左のL型継手

右のL型継手

12 左側のL型継手を外し、長いより線（30cm）が付いたスピーカーを右のL型継手に入れます。USBとミニプラグケーブルの切り取られた方を右のL型継手の穴に通します。

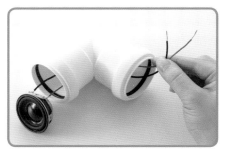

13 もう1つのスピーカーを左のL型継手に合わせ、電線を通します。

14 アンプモジュールボードの端子を確認しましょう。3つの入力端子（「L」「G」「R」のラベルが付いているもの）、2つの電源端子（「+」「−」の印が付いているもの）、および4つの出力端子（左右のチャンネルごとに「+」と「−」）があります。

ミニプラグの電線は入力端子にハンダ付けします。端子には、左側が「L」、右側が「R」、グラウンドに「G」というラベルが付いています。

「Rout」の+と−の端子に、右側のスピーカーのより線をハンダ付けします。

USBケーブルは電源端子の「+」と「−」にハンダ付けします。

「Lout」の+と−の端子に、左側のスピーカーのより線をハンダ付けします。

15 右側のスピーカーの赤い線を「Rout」の+端子に通し、黒い線を「Rout」の−端子に通します。左側のスピーカーについても同様に、「Lout」端子に通します。

ハンダ付けの後、より線の余分な部分を切り取ります。

16 アンプモジュールボードを裏返してフレキシブルアームで固定し、スピーカーの線をハンダ付けします。となり合った線どうしが接触しないように注意しましょう。

17 アンプモジュールボードの下の入力端子と電源端子を予備ハンダします。

ここでも、となり合った線どうしがふれないように注意しましょう。

18 ミニプラグケーブルの赤い線を右（R）入力端子に、白い線を左（L）入力端子に、より線をグラウンド（G）端子にハンダ付けします。

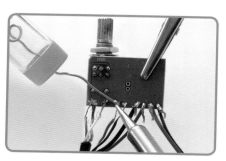

19 USBケーブルを電源端子にハンダ付けします。赤い線を＋端子に、黒い線を一端子に取り付けます。

20 動作確認のため、USBケーブルを電源にさし込み、ミニプラグをスマートフォンなどに接続して、音楽を再生してみましょう。アンプモジュールボードのボリュームつまみを回してみて、もし何も音が聞こえない場合は接続を確認してください。

ボリュームつまみをカチッというまで回すと、アンプの電源がオフになります。

21 グルーガンでスピーカーをL型継手に接着します。スピーカーのコーン紙に接着剤が付かないように注意しましょう。

USBは、コンピューターのUSBポートやUSB充電器などから電力を供給できます。

22 アンプモジュールボードのボリュームつまみからナットを外し、左側のL型継手の穴につまみ部分をさし込みます。もう一度ナットをしめて、基板を固定します。L型継手をまっすぐなパイプに取り付けて、音楽を鳴らしてみましょう！

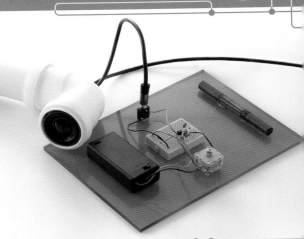

いい音が鳴りました！

この本の「AMラジオ」（84〜89ページを参照）を
完成させていれば、パイプステレオのミニジャックをラジオのヘッドホンジャックに接続してみましょう。ラジオからの音が、パイプステレオを通して大音量でクリアに再生されます。

しくみを見てみよう

スマートフォンのヘッドホンジャックから出力されるオーディオ信号は、そのままではスピーカーから聴こえるほどのパワーはありません。アンプ回路は、USBケーブルから供給される電流を使用して、オーディオ信号を増幅します。

● 現実世界の応用例
コンサートなどで使うスピーカー

コンサートでは、大きなスピーカーを使って会場中のすべてのお客さんに聴こえるような大きな音を発生させます。この音はとても強力なため、スピーカーの近くに立つと聴覚を損なう場合があるので注意しましょう。

1. スマートフォンのヘッドホンジャックから出力されたオーディオ信号は、ミニプラグケーブルを通ってアンプに送られます。

2. アンプ回路はオーディオ信号を増幅し、両方のスピーカーに送り出します。

3. スピーカーのコーン紙は、磁石の極の間にあるコイルに接続されています。

4. 増幅されたオーディオ信号によって発生した電流が、コイルを通過します。

5. コイルと磁石の間の力により、紙のコーンが振動して音が鳴るというしくみです。

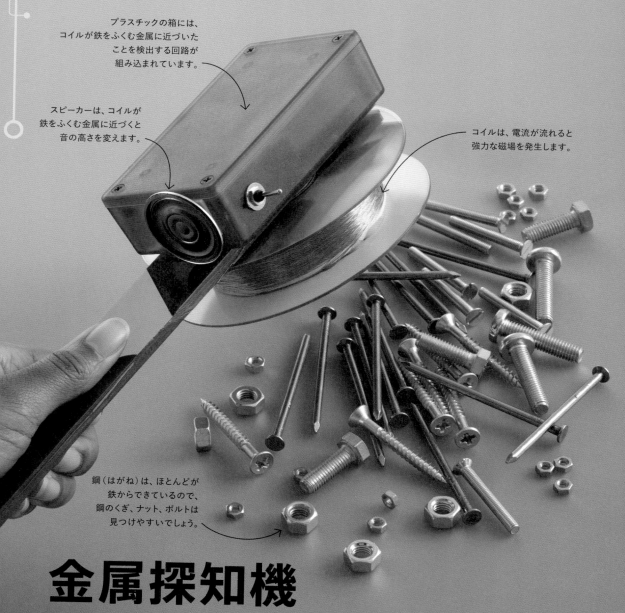

プラスチックの箱には、
コイルが鉄をふくむ金属に近づいた
ことを検出する回路が
組み込まれています。

スピーカーは、コイルが
鉄をふくむ金属に近づくと
音の高さを変えます。

コイルは、電流が流れると
強力な磁場を発生します。

鋼（はがね）は、ほとんどが
鉄からできているので、
鋼のくぎ、ナット、ボルトは
見つけやすいでしょう。

金属探知機

Ferrous metal sensor

このプロジェクトでは、鉄をふくむ金属でできたものを探す探知機を作ります。
鉄が目に見えないところにふくまれているものでも、見つけることができます。
一般の金属探知機と同様に、コイルによって生成される磁場を利用して動作しています。
探知機は高い音を発し、コイルが鉄をふくむ金属に近づくと音の高さが変化します。

金属探知機を作ろう

古い CD がなくても大丈夫です。直径 12cm の同じサイズの硬い円板状のものを探してください。回路はプラスチックの箱の中に組み込まれています。この種のボックスは、作った回路を保護するためのものとして、電子工作の部品を扱うショップで見つけることができます。

時間	注意しましょう	難しさ
60分	グルーガン、ドリル、ハンダごてを使用します。	上級者

用意するもの

道具箱から
- グルーガン
- 定規
- ワイヤーカッター
- 紙やすり
- 両面テープ
- 油性ペン
- 端材とクランプ
- ドリル
- 5mmドリルビット
- ワイヤーストリッパー
- ハンダごてとハンダ
- フレキシブルアーム

1個 47kΩ抵抗器

1個 10uF 電解コンデンサ

2個 2.2uF 電解コンデンサ

1個 プラスチックの箱（113×63×28mm よりも大きいもの）

1個 555 タイマーIC

1個 9V形電池

1個 8Ω4W スピーカー

2枚 不要な CD、DVD

1本 ドライバー

1個 より線（赤）31cm

1個 8ピン IC用ソケット

1枚 1/4サイズのユニバーサル基板

持ち手用の素材（25㎝×4㎝）

1個 より線（黒）31cm

32〜36AWG の エナメル銅線（8m以上）

1個 SPDTスイッチ

1個 スナップコネクタ

1個 使い終わったテープの芯

---

i グルーガンの使い方は、22ページを参照してください。

1 グルーガンで、テープの芯を CD の中央に貼り付けます。

2 もう1枚の CD をテープの芯の反対側に貼り付けます。

3 エナメル銅線の端から約 20cm のところを、テープの芯と CD が接着している面に、グルーガンで固定します。

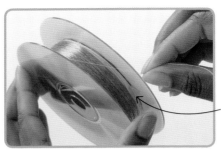

コイルを巻きながら、手順3で残した部分をおおわないように注意してください。

4 テープの芯にエナメル銅線を約400回巻きます。巻き終わったら、約20cmを残してエナメル銅線を切ります。

5 端を約20cm残して、エナメル銅線のもう一方の端をグルーガンで固定します。20cmの2本のエナメル銅線ができました。

6 紙やすりでエナメル銅線の両端（りょうたん）から2cmほど、エナメルを削（けず）り取ります。

2本のエナメル銅線が、ハンドルの持ち手部分と反対側に出るようにしましょう。

7 次に、両面テープで一方のCDの真ん中にハンドルを取り付けます。できるだけ、CDの端にハンドルの端を合わせましょう。

8 プラスチックの箱を開けます。箱によってはドライバーでネジをゆるめるか必要があるかもしれませんし、カバーを外すだけかもしれません。以下の写真に沿って、油性ペンでスイッチ、スピーカーのより線、コイルの銅線を出すところに印を付けます。

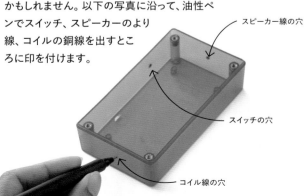

スピーカー線の穴

スイッチの穴

コイル線の穴

i ドリルの使い方は、23ページを参照してください。

9 プラスチックの箱の印を付けた場所に、プラスチック用のドリルビットを使って5mmの穴を3つ開けます。わからない場合は大人の人に聞きましょう。

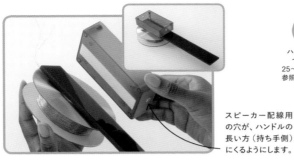

スピーカー配線用
の穴が、ハンドルの
長い方（持ち手側）
にくるようにします。

10 両面テープで、プラスチックの箱を
ハンドルに取り付けます。このとき、
ボックスの端をハンドルの端に合わせます。

ⓘ ハンダ付けに
ついては、
25～26ページを
参照してください

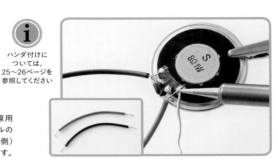

11 黒と赤のより線をそれぞれ8cmの
長さに切り、両端の被覆をはがし
て一方を予備ハンダします。スピーカーのプ
ラス端子に赤、マイナス端子に黒のより線の、
予備ハンダしていない方をハンダ付けします。

フレキシブルアーム
でスイッチを固定し
て、ハンダ付けを行
います。

12 赤いより線を長さ8cmに切り、両端
の被覆をはがします。スイッチの外
部端子の1つに一方の端を通し、ねじってか
ら、ハンダで固定します。

13 スナップコネクタの電線の被覆をは
がし、赤（＋）の電線をスイッチの中
央の端子にハンダ付けします。黒（－）の電線
はそのままにしておきます。

フレキシブルアー
ムでスイッチを固
定して、ハンダ付
けを行います。

これらの短いジャン
パー線は、回路の
重要な部分の接続
に使われます。

14 赤いより線を4本切ります。2本は長
さ3cm、1本は4cm、最後の1本は
5cmにしてください。各より線の両端の被覆
をはがしてより線をねじり、直角に曲げます。

15 プラスチック製の箱の上部にある穴
に、スピーカーのより線を通します。
次に、コイルのエナメル銅線を反対側の穴に
通します。

16 47kΩ抵抗器の足を、ユニバーサル基板の8Bおよび9Bにさし込み、抵抗器が基板の上面にあることを確認します。

抵抗器の足の1つを下に曲げて、基板に対して垂直におさまるようにします。

17 基板を裏返し、抵抗器の足を平らに曲げて固定します。ハンダで抵抗器を固定し、抵抗器の足をワイヤーカッターで切り取ります。

18 下の写真のように、8ピンIC用ソケットと手順14で作ったジャンパー線を、基板の上面に取り付けます。基板の裏側からハンダ付けし、余分な電線を切り取ります。粘着パテで基板を固定するとハンダ付けがしやすくなります。

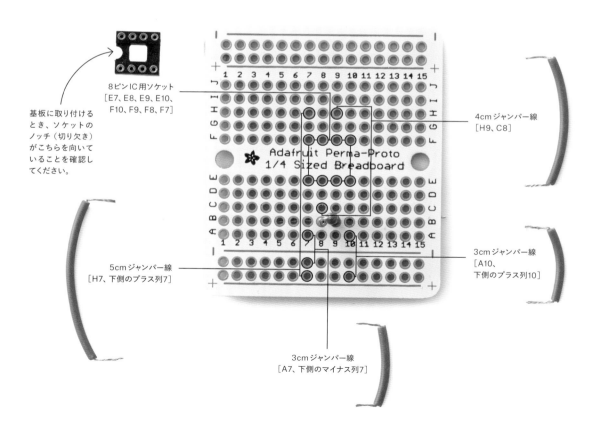

8ピンIC用ソケット
[E7、E8、E9、E10、F10、F9、F8、F7]

基板に取り付けるとき、ソケットのノッチ（切り欠き）がこちらを向いていることを確認してください。

Adafruit Perma-Proto 1/4 Sized Breadboard

4cmジャンパー線
[H9、C8]

3cmジャンパー線
[A10、下側のプラス列10]

5cmジャンパー線
[H7、下側のプラス列7]

3cmジャンパー線
[A7、下側のマイナス列7]

19 以下の写真のように、部品や線を基板に取り付けます。そして、基板の裏側から線と足をハンダ付けし、余分な部分を切り取ります。ハンダ付けする前に、コイルとスピーカーの線を穴から通しておくことを忘れずに。

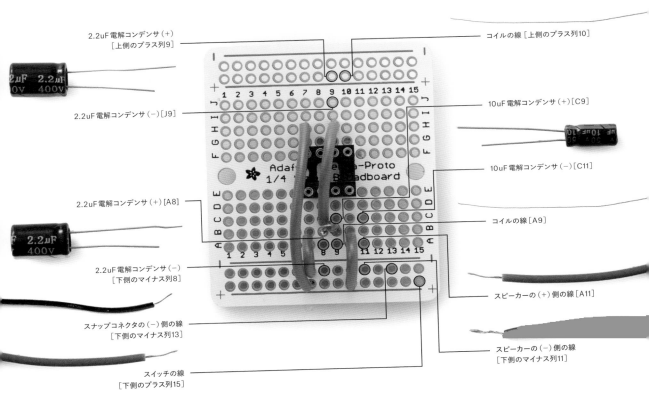

2.2uF 電解コンデンサ（+）
［上側のプラス列9］

コイルの線［上側のプラス列10］

2.2uF 電解コンデンサ（−）［J9］

10uF 電解コンデンサ（+）［C9］

10uF 電解コンデンサ（−）［C11］

2.2uF 電解コンデンサ（+）［A8］

コイルの線［A9］

2.2uF 電解コンデンサ（−）
［下側のマイナス列8］

スピーカーの（+）側の線［A11］

スナップコネクタの（−）側の線
［下側のマイナス列13］

スピーカーの（−）側の線
［下側のマイナス列11］

スイッチの線
［下側のプラス列15］

IC をソケットにしっかりと
さし込みます。

20 ハンダ付けができたら、555 IC タイマーをソケットにさし込みます。さし込むとき、555 IC タイマーのノッチとソケットのノッチを合わせます。

21 両面テープをスナップコネクタの背面に貼り付け、箱の内側に貼り付けます。

22 両面テープを小さく切って、プラスチックボックスの外側の、スピーカーの電線が通る穴の近くに、スピーカーの背面を取り付けます。

23 電池をスナップコネクタに接続し、スイッチを入れると、高い音が聴こえるはずです。音が出ない場合は、スイッチをオフにして接続を確認します。

24 スイッチからナットを外し、本体の残りの穴に内側からさし込みます。反対側からナットをペンチでしめます。

25 箱のふたを閉じて、スイッチがオンになることを確認します。これで、金属探知機のテストができるようになりました。

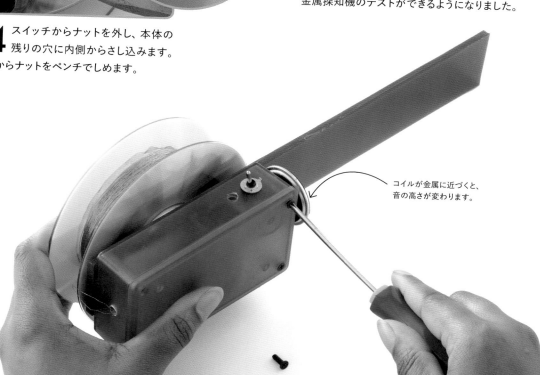

コイルが金属に近づくと、音の高さが変わります。

しくみを見てみよう

金属探知機が鉄をふくむ物質に近づくと、その物質内に磁場が発生します。探知機内の磁場と物質内の磁場が相互（そうご）に作用することで、金属探知機のコイル内の電流が変化します。

1. IC（集積回路）が毎秒数百のパルスを発生し、それによりスピーカーから高い音が鳴ります。

2. 電流が流れると、金属探知機のコイルが強い電磁場を発生させます。

5. 電流の変化は、IC が発生するパルスの速度を変化させます。これにより、スピーカーから鳴る音の高さが変化するのです。

一次磁場

二次磁場

3. コイルの一次磁場の影響（えいきょう）によって、近くの金属物質内に渦状（うず）に流れる電流（渦電流（うずでんりゅう））が発生し、これが二次磁場を発生させます。

4. 二次磁場はコイルの一次磁場と相互作用し、コイルを流れる電流量を変化させます。

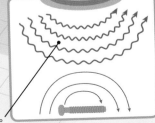

● 現実世界の応用例
金属探知機

トレジャーハンターは金属探知機を使用して、地下に埋（う）められた古いコインやその他の金属加工品を見つけます。彼らの使う探知機は2つのコイルを持っています。1つのコイルが、金属に電流を生成させるための磁場を発生します。金属内に生じた電流により生じた磁場を、2つ目のコイルが検出します。

自動常夜灯

じょうやとう

Automatic night light

ろうかや寝室で使われる小さな照明は、
真っ暗な中でも足元が見えるようにしてくれます。
このプロジェクトで作る常夜灯は、フォトレジスタと呼ばれる部品を使用します。
フォトレジスタは、夜間にLEDライトを自動的にオンにし、
明るくなるとオフにします。

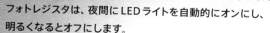

前面の印刷されたデザイン
（デカールと呼ばれます）を
変更することで、
照明のデザインを
変更できます。

フォトレジスタは
常夜灯の前面にあります。

昼間の壁（かべ）にもよく似合う、
宇宙のデザインの
デカールを使っています。

常夜灯を動かすためには、
コンセントから電源を取る
必要があります。

LEDテープを
制御（せいぎょ）する回路は、
デカールの後ろに
かくれています。

LEDテープは
デカールの後ろに
かくれているため、
壁に優しい輝きを放ちます。

自動常夜灯を作ってみよう

この常夜灯を作るには、好きな長さに切って使うことができるLEDテープが必要です。LEDテープには、2色、3色、4色など色数の違いがありますが、このプロジェクトではどのLEDテープを使ってもかまいません。デカールは、好きな写真などを印刷し、円板と同じ大きさに切って作ります。

時間 1時間	注意しましょう ドリル、グルーガン、 ハンダごて、家庭用電源を 使用します。	難しさ 上級者

用意するもの

道具箱から
- 端材とクランプ
- ドリル
- 5mmドリルビット
- 8mmドリルビット
- グルーガン
- はさみ
- フレキシブルアーム
- ハンダごてとハンダ
- ワイヤーカッター
- ワイヤーストリッパー
- 両面テープ
- 粘着パテ

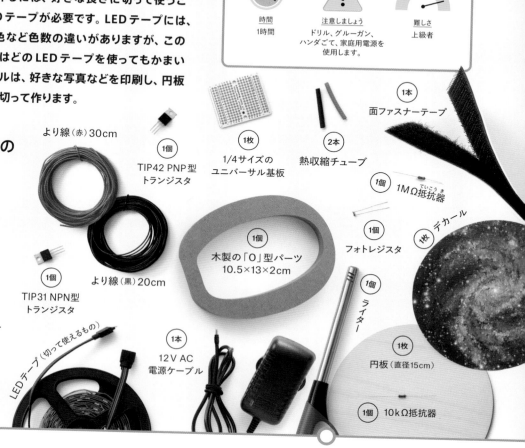

より線(赤)30cm

TIP42 PNP型トランジスタ 1個

1/4サイズのユニバーサル基板 1枚

熱収縮チューブ 2本

面ファスナーテープ 1本

1MΩ抵抗器 1個

デカール 1枚

TIP31 NPN型トランジスタ 1個

より線(黒)20cm

木製の「O」型パーツ 10.5×13×2cm 1個

フォトレジスタ 1個

ライター 1個

LEDテープ(切って使えるもの)

12V AC 電源ケーブル 1本

円板(直径15cm) 1枚

10kΩ抵抗器 1個

ドリルの使い方は、23ページを参照してください。

1 木製の「O」の真ん中(写真参照)に5mmの穴をドリルで開けます。この穴は、フックやくぎなどに常夜灯を掛けるために使います。次に、反対側の端(側面)に8mmの穴を開けます。

グルーガンの使い方は、22ページを参照してください。

2 木製の「O」の平らな面(フック用の穴を開けていない面)にグルーガンで接着剤を塗り、円板を貼り付けます。「O」が円板の真ん中になるようにしましょう。

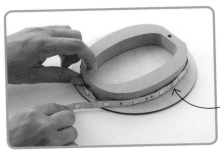

3 「O」の8mmの穴のところからLED
テープを巻き付けて、必要な長さを測り
ます。ここでは長さを測るだけで、まだ貼り付
けないでください。

LEDテープが長すぎ
て穴をふさいでしま
う場合は、手順25の
後で調整できます。

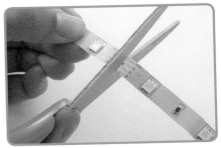

4 ドリル穴の端に最も近い切り取り線で
LEDテープを切断します。切り取り線
に沿って切るだけです。

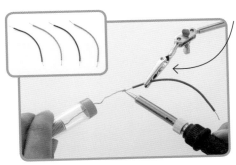

予備ハンダをする
ときは、フレキシブ
ルアームで線を固
定しましょう。

ⓘ
ハンダ付けについては、
25〜26ページを
参照してください。

5 黒のより線と赤のより線をそれぞれ、
10cmの長さで2本ずつ切ります。両端
の被覆をはがし、それぞれの片方に予備ハン
ダをします。黒と赤のひと組は、手順14で使
います。

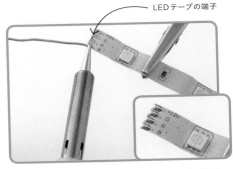

LEDテープの端子

6 LEDテープの一方の端にある各端子
に、ハンダの小さなかたまりを付けます
（端子の数はLEDテープによって異なりま
す）。ハンダのかたまりどうしがふれないよう
に注意しましょう。

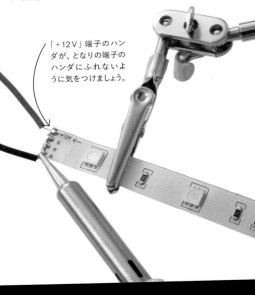

「+12V」端子のハン
ダが、となりの端子の
ハンダにふれないよ
うに気をつけましょう。

7 赤いより線の予備ハンダした方の端を、
「+12V」と記されたLEDテープの端子にハンダ付け
します。次に、黒いより線の予備ハンダした方の端を、残りの端子
にハンダ付けします。残りの端子が複数ある場合は、すべてに接
続されるようにします。2色のLEDテープを使う場合は、赤いより
線を電源に、黒いより線をグラウンド（アース）にハンダ付けします
（グラウンドについては33ページを参照してください）。

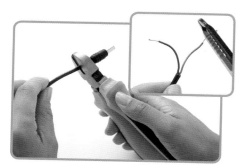

8 電源が入っていない（プラグがさし込まれていない）ことを確認し、12V AC ケーブルの端からジャック部分をワイヤーカッターで切り取ります。外側の絶縁体を3cm はがし、中の電線の被覆をはがします。

9 両面テープまたは接着剤を使って、円板にデカールを貼り付けます。デカールが板よりわずかに大きい場合は、切り取るか、端にかぶせるように折ります。

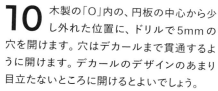

ドリルを使うときは、端材をあてるなどして作業台を傷つけないようにしましょう。

10 木製の「O」内の、円板の中心から少し外れた位置に、ドリルで5mm の穴を開けます。穴はデカールまで貫通するように開けます。デカールのデザインのあまり目立たないところに開けるとよいでしょう。

11 LED テープに接続された赤と黒のより線を、木製の「O」の下の穴から通します。

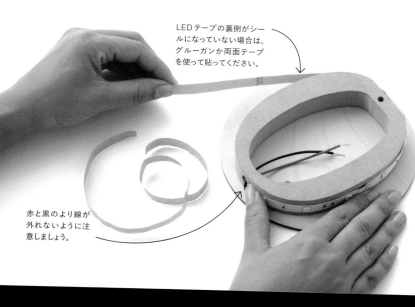

LEDテープの裏側がシールになっていない場合は、グルーガンか両面テープを使って貼ってください。

赤と黒のより線が外れないように注意しましょう。

12 LED テープの裏側の保護紙をはがして、木製「O」の外側の端に貼り付けます。赤と黒のより線が端の穴の近くにあることを確認してください。

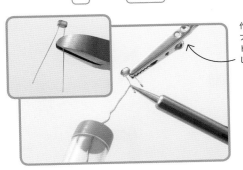

作業中はフレキシブルアームでフォトレジスタを固定します。

13 ワイヤーカッターでフォトレジスタの足を約1cmの長さになるように切り取ります。そして、両方の足に予備ハンダをしておきましょう。

14 手順5で準備した赤と黒のより線の予備ハンダした方の端を、フォトレジスタの足にハンダ付けします。どちらの足にどちらの色を接続してもかまいません。

15 手順14のハンダ付け部分にかぶせるように、約1cmの熱収縮チューブを入れます。ライターで熱を加えて、チューブをハンダ付け部分で収縮させます。

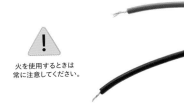

⚠️

火を使用するときは常に注意してください。

熱収縮チューブは、接続部分を保護するのに役立ちます。

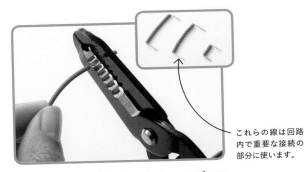

これらの線は回路内で重要な接続の部分に使います。

16 赤のより線を切って、2cmのジャンパー線を1本と、4cmのジャンパー線を2本作ります。3本のより線のすべての両端から被覆をはがし（必要に応じてプライヤーで固定するとよいでしょう）、露出した部分を90°に曲げます。

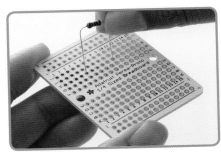

17 10kΩ抵抗器の足を曲げて、ユニバーサル基板の端子H5とH10にさし込みます。

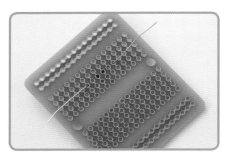

18 基板を裏返して、足を外側に曲げて抵抗器を固定し、ハンダ付けの準備をします。

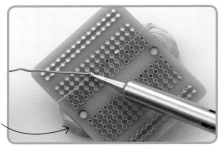

ハンダ付けするときは、接着パテを使用して基板を固定しましょう。

19 抵抗器の足の周りに少量のハンダを付けて、基板に固定します。ショートしないよう、となり合った穴にハンダが流れないようにしてください。

20 下の写真にしたがって、2つ目の抵抗器、手順16で作ったジャンパー線、トランジスタを基板の端子にハンダ付けします。基板の裏面から出た余分な電線と部品の足は、切り取っておきましょう。

＊訳注：日本では、電子工作で使えるトランジスタとして2SC1815（NPN型 TIP31と同等）、2SA1015（PNP型 TIP42と同等）が比較的安価で入手できます（それぞれ-Y、-GRなどのバリエーションがありますがどれでもかまいません）。これらのトランジスタは、平らな側（印字のある側）からみて左からエミッタ、コレクタ、ベースとなりますので、写真のピン配置の説明を参考にして基板に接続してください。

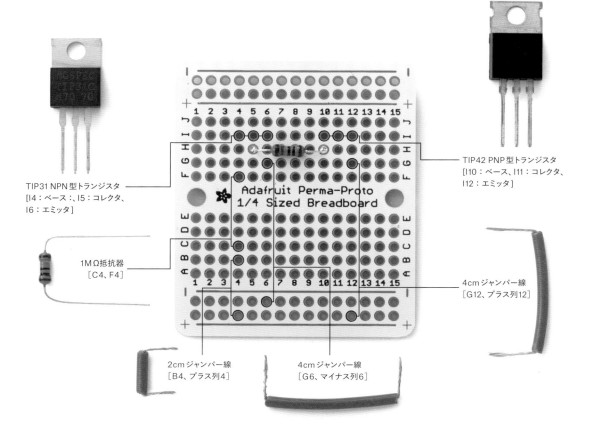

TIP31 NPN型トランジスタ
[I4：ベース：、I5：コレクタ、I6：エミッタ]

TIP42 PNP型トランジスタ
[I10：ベース、I11：コレクタ、I12：エミッタ]

1MΩ抵抗器
[C4、F4]

Adafruit Perma-Proto
1/4 Sized Breadboard

4cmジャンパー線
[G12、プラス列12]

2cmジャンパー線
[B4、プラス列4]

4cmジャンパー線
[G6、マイナス列6]

21 次に、木製の「O」の中に基板を置きます。電源ケーブルを、LEDテープのより線と同じように木製の「O」の穴に通します。下の写真にしたがって、フォトレジスタ、LEDテープ、および電源の線を基板にハンダ付けします。

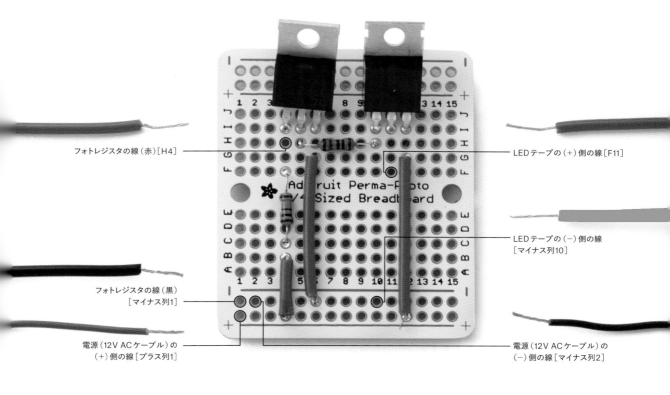

フォトレジスタの線（赤）[H4]

LEDテープの（＋）側の線 [F11]

LEDテープの（−）側の線
[マイナス列10]

フォトレジスタの線（黒）
[マイナス列1]

電源（12V ACケーブル）の
（＋）側の線［プラス列1］

電源（12V ACケーブル）の
（−）側の線［マイナス列2］

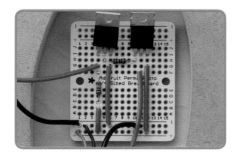

22 すべての部品をハンダ付けすると、基板は写真のようになります。電源アダプタをコンセントにさし込みます。このとき、LEDテープはまだ光らないはずです。

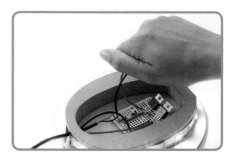

23 フォトレジスタを手でおおって、光が当たらないようにしてみてください。LEDテープが点灯するはずです。点灯しない場合はすべての接続が正しいかどうかを確認しましょう。

24 デカールを台に置いた状態で、円板の穴にフォトレジスタをさし込み、フォトレジスタの表面とデカールの面が平らになるようにします。そして、グルーガンで固定します。

25 木製の「O」の端にある穴に接着剤を塗って、電源ケーブルとLEDのより線を固定しておきましょう。

26 面ファスナーで、基板を木製の「O」の内側の円板に固定します。友だちに手伝ってもらって、常夜灯を壁に取り付け、電源アダプタをさし込み、暗くなるまで待ちましょう。

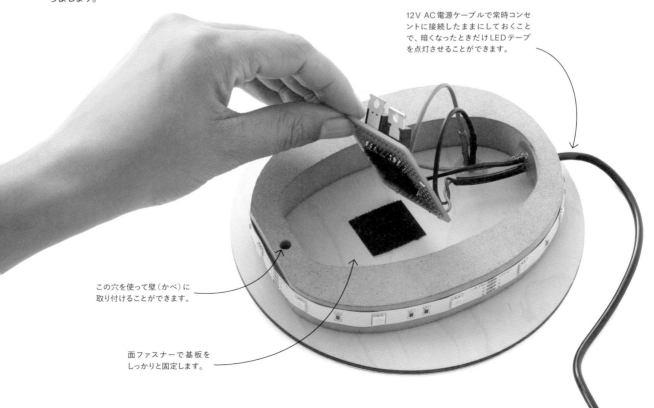

12V AC電源ケーブルで常時コンセントに接続したままにしておくことで、暗くなったときだけLEDテープを点灯させることができます。

この穴を使って壁（かべ）に取り付けることができます。

面ファスナーで基板をしっかりと固定します。

しくみを見てみよう

電流は常に、最も抵抗の少ない経路を流れます。フォトレジスタは、日中はオン状態になりますが、夜間はオフ状態となり、電流を回路の他の部分に迂回させます。

1. 日中（光が当たっているとき）、フォトレジスタの抵抗値は下がります。これにより、主電源からの電流がフォトレジスタを流れ、回路の他の部分には電流が流れにくくなります。暗くなると、フォトレジスタの抵抗値が増加し、今度はフォトレジスタ内を電流が流れにくくなります。これにより、回路内の各部分が動作するようになります。

2. 電流はフォトレジスタを流れることができません。その代わりに、トランジスタTIP31の方に電流が流れます。このトランジスタがオンになり、電流が増幅されます。

3. 次にトランジスタTIP42に電流が流れ、トランジスタTIP42がオンになり、電流が再び増幅されます。

4. 電流の通り道ができると、増幅された電流がLEDテープを流れ、LEDテープが点灯します。

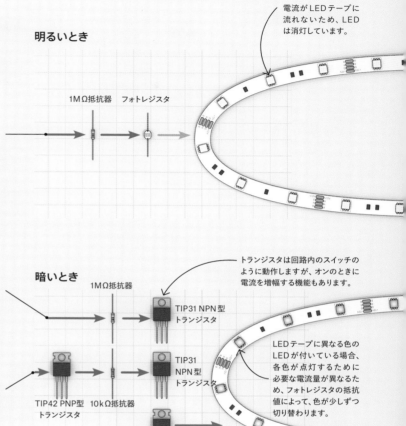

明るいとき

電流がLEDテープに流れないため、LEDは消灯しています。

1MΩ抵抗器　フォトレジスタ

暗いとき

トランジスタは回路内のスイッチのように動作しますが、オンのときに電流を増幅する機能もあります。

1MΩ抵抗器

TIP31 NPN型トランジスタ

TIP31 NPN型トランジスタ

TIP42 PNP型トランジスタ　10kΩ抵抗器

TIP42 PNP型トランジスタ

LEDテープに異なる色のLEDが付いている場合、各色が点灯するために必要な電流量が異なるため、フォトレジスタの抵抗値によって、色が少しずつ切り替わります。

● 現実世界の応用例

街灯

道路沿いの街灯には、フォトレジスタなど、このプロジェクトで使った部品と同じ部品が回路で使われています。このような街灯は日中オフのままなので、エネルギーを消費することはありません。夕暮れ、暗くなったときに点灯します。日によって点灯時間が異なるのは、日によって明るさが異なるためなのです。

回路図

このページでは、この本の中のプロジェクトの回路図を掲載しています。この回路図では、それぞれのプロジェクトで利用する部品がどのように接続されているのかを図でわかるようにしています。回路図がどのように使われるかは33ページを参照してください。

回路図記号

回路図では、部品を簡単な記号にして表します。ここに掲載しているものは、この本で使用しているものですが、抵抗器などの一部の部品については地域によって表記が異なる場合もあります。これらの部品は、線で示された通りに実際の回路上で接続されています。また、いくつかの箇所には部品についての補足も加えています。

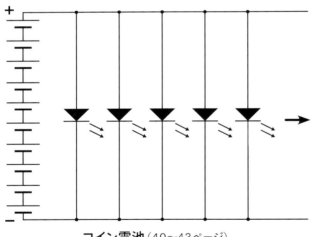

コイン電池（40〜43ページ）

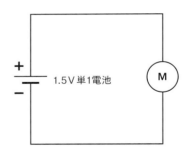

手作りモーター（44〜47ページ）

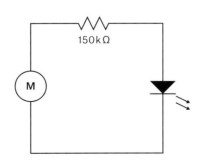

手回し発電機（48〜55ページ）

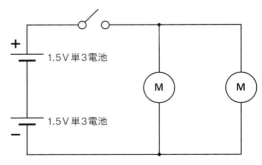

手持ち扇風機（56〜59ページ）

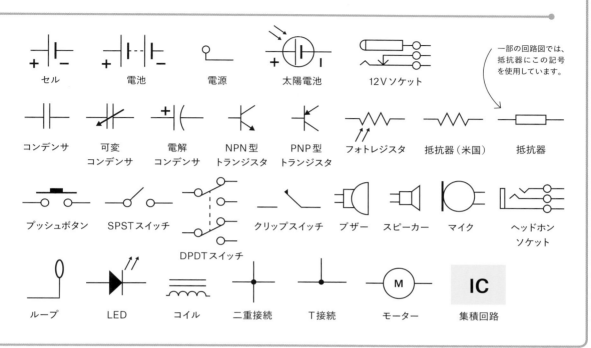

セル　　　　電池　　　　電源　　　太陽電池　　12Vソケット

一部の回路図では、抵抗器にこの記号を使用しています。

コンデンサ　　可変コンデンサ　　電解コンデンサ　　NPN型トランジスタ　　PNP型トランジスタ　　フォトレジスタ　　抵抗器（米国）　　抵抗器

プッシュボタン　　SPSTスイッチ　　DPDTスイッチ　　クリップスイッチ　　ブザー　　スピーカー　　マイク　　ヘッドホンソケット

ループ　　LED　　コイル　　二重接続　　T接続　　モーター　　集積回路　IC

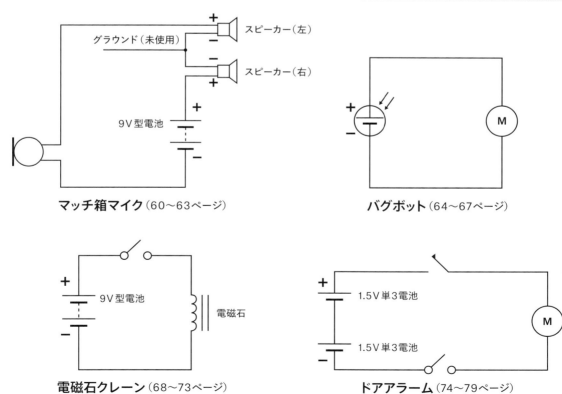

マッチ箱マイク（60〜63ページ）

スピーカー（左）＋−
グラウンド（未使用）
スピーカー（右）−＋
9V型電池＋

バグボット（64〜67ページ）
M

電磁石クレーン（68〜73ページ）
＋ 9V型電池 − 電磁石

ドアアラーム（74〜79ページ）
＋ 1.5V単3電池
1.5V単3電池 −
M

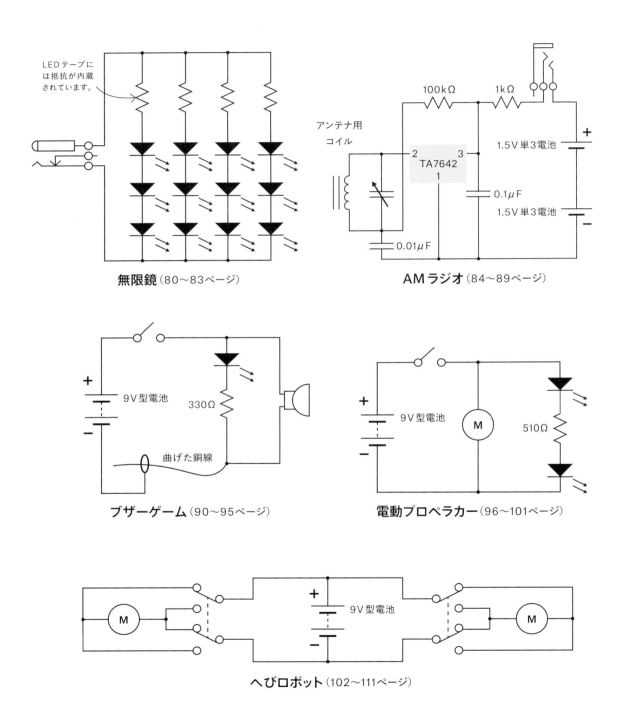

LEDテープには抵抗が内蔵されています。

無限鏡（80〜83ページ）

アンテナ用コイル

100kΩ　　1kΩ

TA7642
2　　3
1

1.5V単3電池

0.1μF

1.5V単3電池

+

−

0.01μF

AMラジオ（84〜89ページ）

9V型電池

330Ω

曲げた銅線

+

−

ブザーゲーム（90〜95ページ）

9V型電池

M

510Ω

+

電動プロペラカー（96〜101ページ）

M

9V型電池

+

−

M

へびロボット（102〜111ページ）

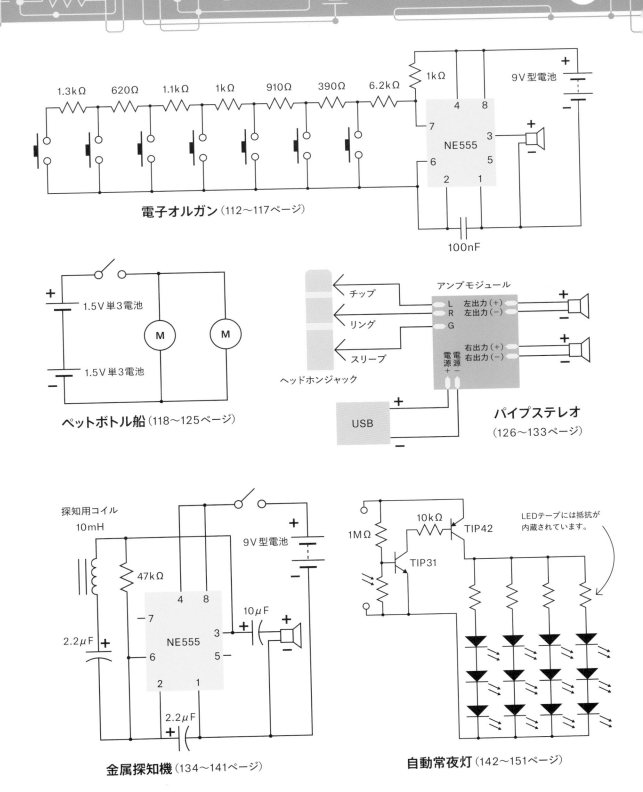

1.3kΩ　620Ω　1.1kΩ　1kΩ　910Ω　390Ω　6.2kΩ　1kΩ　9V型電池

7　4　8

NE555

6　3

2　5　1

100nF

電子オルガン（112〜117ページ）

1.5V 単3電池

M　M

1.5V 単3電池

ペットボトル船（118〜125ページ）

チップ

リング

スリーブ

ヘッドホンジャック

アンプモジュール

L　左出力（＋）
R　左出力（−）
G

右出力（＋）
右出力（−）

電源＋　電源−

USB

パイプステレオ
（126〜133ページ）

探知用コイル
10mH

9V型電池

47kΩ

10μF

2.2μF

4　8

7

NE555

3

6　5

2　1

2.2μF

金属探知機（134〜141ページ）

1MΩ　10kΩ　TIP42

TIP31

LEDテープには抵抗が
内蔵されています。

自動常夜灯（142〜151ページ）

用語集

LED（発光ダイオード）
電流が流れると光る電子部品。すべてのダイオードと同じく、電流は一方向にのみ流れる。

LEDテープ
複数のLEDが取り付けられたプラスチック製の帯。LEDストリップとも言う。

USB（ユニバーサルシリアルバス）
電子機器どうしを接続して、情報（データ）を伝達したり、電力を供給するための規格。

亜鉛メッキ
金属製のものを亜鉛でコーティングすること。亜鉛メッキすることで中の金属のさびを防ぐ。

圧電ブザー
電流が流れると振動する膜で音を鳴らすブザー。

アノード（陽極）
電子部品で電子が出る端子のこと。電池ではマイナス端子がそれにあたる。

アンペア（A）
電流の単位。

イヤホン
耳の中に入れて音を鳴らす、小さなスピーカー。

運動エネルギー
動いているものが持つエネルギー。

エナメル
塗料の一種。「エナメル線」は、エナメル塗料で絶縁された銅線のことを指す。

エネルギー
何かを起こす力。音、光、電気など、さまざまなものにエネルギーがある。スピーカーで電気エネルギーから音エネルギーを生成するなど、あるエネルギーから別のエネルギーへと変えることができる。

オーム（Ω）
抵抗の単位。

音波
振動する物体によって空気中に生成される波で、空気圧の乱れとして空気中を移動する。音波を生成するものはスピーカー、イヤホン、圧電ブザーなど。

音声信号
音波の振動に合わせて往復運動する交流信号。

回路
電流を通すことができる導体（配線と電子部品）で作られた経路。電気回路、電子回路の項も参照。

回路図
アイコンや記号を使って、回路内の配線や電子部品のつながりを表す図。

カソード（陰極）
電子部品で電子が流れ込む端子のこと。電池ではプラス端子がそれにあたる。

カッティングマット
カッターなどで切る作業をするときに、机などの作業面を傷つけないようにするためのマット。

家庭用電源
電力会社から各家庭に供給される電力。日本では交流100Vで供給されており、機器内部で直流に変換して使用する。

可変コンデンサ
つまみを回して容量を変えることができるコンデンサ。

可変抵抗器（ポテンショメータ）
つまみを回すことで抵抗値を変えられる電子部品。ラジオの音量調節などに使用される。

起電力（emf）
電荷を持つ粒子（電子、陽子）を動かす力。電気回路では、電池、太陽電池、または発電機が起電力を提供し、これにより電子が回路内を移動して、電流となる。

極性
電気のプラスとマイナス、磁石のNとSのように、極を持つという性質のこと。一部の部品では、プラスとマイナスを正しく接続しなければ、回路の動作に影響をおよぼすものがある。

金属
電気をよく通し、導電体として使われる固体の物質。

グラウンド（アース、接地）
電子回路の中で、最も電圧の低い部分。電池で駆動する回路の場合は電池のマイナス端子がグラウンドになる。

クランプ（スプリングクランプ）
物を固定するための道具。のこぎりで木を切ったりドリルで穴を開けるときなどに対象物を固定するのに用いる。

グルーガン
スティック型接着剤（グルースティック）を後ろから入れて、先端に取り付けられた加熱部で接着剤を溶かして使う道具。

コイル
長い銅線を軸の周りに何度も巻き付けたもの。モーターや発電機などに使われる。

交流（AC）
＋と－の向きをくり返し変えて流れる電流。

コンデンサ
多くの電子機器で使われている、電荷を蓄積する部品。2枚の金属製の板を並べたものをセラミックでコーティングしたものなどがある（電解コンデンサも参照のこと）。

コンパクトディスク（CD）
デジタルデータに変換された音楽やデジタルデータなどを記録する、プラスチック製の円盤。記録面にはアルミニウムが蒸着（金属を蒸発させて樹脂などの表面に金属の薄い膜を作ること）されている。

サードハンド
「フレキシブルアーム」の項を参照。

磁気
2つの磁石（電磁石をふくむ）の間で相互に作用する現象。

磁極
磁石の中で磁場が最も強い両端の部分。それぞれN極とS極と呼ばれる。

軸（車軸）
1つの車輪に取り付けられた、または2つの車輪の間に固定された硬い棒のようなもの。車軸が車輪といっしょに回転するタイプのものと、車輪が車軸の周りを回転するタイプのものがある。

磁石
磁場を生成する物体。永久磁石は常に磁場を発生するが、電磁石はコイルに電流が流れるときだけ磁場を発生する。

磁場
磁石または電磁石の周囲の領域のこと。他の磁石が引き付けられるか、または反発する。

ジブ
クレーンなどで、持ち上げる物体を保持する部分。多くのジブは先端にフックが取り付けられている。

ジャンパー線
電子回路を接続するための小さな電線。ブレッドボード上の回路を接続するためにも使われる。

集積回路（IC）
複数の電子部品でできた複雑な電子回路を、シリコン製のひとつの部品に収めたもの。金属製の足の付いたプラスチックパッケージに収納されていて、より大きな回路に接続できるようになっている。

周波数
ヘルツ（Hz）と呼ばれる単位で表される、音や電波などの波が1秒間にくり返される回数。

周波数変調（FM）
「周波数」とは、何かが1秒間にくり返される回数を意味し、「変調」とは何かを変更することを意味する。周波数変調とは周波数を変更するということで、FMラジオ局は搬送波の周波数を変えることで、音声を電波に乗せて放送する。

ショート（短絡）
意図せず、直接接続してはならない回路の2つの部分の間で電流が流れること、またはその経路のことを指す。回路を故障させる可能性がある。

振幅変調（AM）

「振幅」は波の高さのことで「変調」とは何かを変えること。つまり「振幅変調」とは波の高さを変えることを指す。AMラジオ局は搬送波（信号を送受信するための基準となる正弦波）の振幅を変えることで、音声を電波に乗せて放送する。

スイッチ

端子に接続された電線に電流を流したり止めたりする電子部品。

水力発電

水の流れの力を使って電気を起こす発電方式。

ステレオ

2つの「チャンネル」を備えた音声信号、または音声装置のこと。1つは右用、もう1つは左用。

スピーカー

電気エネルギーを音エネルギーに変える装置。

静電容量

コンデンサにどれだけの電荷を蓄積できるかを示す言葉。静電容量の単位はファラッド（F）。

整流子

モーターや発電機の一部分で、モーターにおいては回転方向を一定にし、発電機においては直流電流を取り出す働きを行う。

絶縁

銅線などを電流が流れない材料でコーティングすること。一般的にはプラスチックが使われている。

絶縁体

プラスチックなどの、電流を流さない材質のこと。たとえば、銅線を絶縁体でコーティングすると、他の銅線と接触して意図しない電流の流れができることを防ぐ。

千枚通し

鋭くとがった串のような先端にハンドルが付いた、シンプルな道具。穴を開けたり、ドリル穴を開けるときにドリルビットをあてる目安となる穴を作るのに使用する。

増幅器（アンプ）

交流電流の振幅（波の高さ）を増加させる電子回路。スピーカーやヘッドホンから音を出すためにオーディオ信号を強める目的で使用される。

ダイオード

電流を一方向にのみ流す電子部品。発光ダイオード（LED）は、電流が流れると光る。

太陽光発電（ソーラーパネル）

太陽光が当たると電力を発生する装置。

タクトスイッチ

押している間だけ、オンになるスイッチ。バネが入っていて、ボタンを放すとオフになる。

端子

電池のプラスやマイナスの部分や、電子部品を配線と接続する金属製の部分。

単芯線

1本の銅線を絶縁材で被覆したもの。銅線は、細くて簡単に切断できるが、ブレッドボードに押し込んでも大丈夫なくらい強度がある。

直流（DC）

大きさや向きが変わらず一方向にのみ流れる電流。交流（AC）の項も参照のこと。

直列回路

すべての配線と部品が1つの流れとして接続されている、分岐のない電子回路。

抵抗

部品や材料などが、どれだけ電流を流すことができるかを表す尺度。抵抗が大きいほど、流れる電流は少なくなる。

抵抗器

固定の抵抗値を持つ電子部品。電子回路のさまざまな部分に流れる電流の量を制御するために用いる。

デジタル

0と1で表されるもの。コンピューター、スマートフォン、その他のデジタルデバイスの内部では、情報はデジタルで表されている。

デジタルオーディオ放送（DAB）
主にヨーロッパやオーストラリアで実施されているデジタルラジオの規格で、音声をデジタルデータにして電波で放送するしくみ。

テスター（マルチメーター）
電子回路における電圧と電流の測定や、電子部品の導通テストなどに用いられる道具。

鉄
最も一般的な金属。鋼は、鉄に少量の他の元素を混ぜて作られている。

電圧
一般的には、電池または発電機によって生じる起電力の測定値。回路の任意の場所での測定値を指す場合もある。電圧の単位はボルト（V）で表される。

電荷
物質が帯びる電気の量。陽子はプラス（＋）の電荷を運び、電子はマイナス（－）の電荷を運ぶ。電子や陽子（これら電気を帯びた粒子のことを荷電粒子と言う）は、それらが運ぶ電荷の種類に応じて、引き付けられたり、反発し合ったりする。

電解コンデンサ
大量の電気を蓄えることができるコンデンサ。

電解質（イオン）
水などに溶けて、プラスやマイナスのイオンを発生し電気を通すようになる物質。電池の中にも電解質が使われている。

電気
荷電粒子から生じるエネルギーの総称。また、回路に供給される電流の意味としても使用される。

電気エネルギー
電流の中にふくまれる電荷の量。電気エネルギーを使ってLEDを光らせると光のエネルギーに、ブザーを鳴らすと音のエネルギーになるように、他の形式のエネルギーに変換できる。

電気回路
受動素子だけで構成されている回路。抵抗、コイル、コンデンサが受動素子に分類される。

電子
物質の各原子にある小さな粒子で、マイナスの電荷を帯びたもの。原子から離れ、自由に動き回ることができる。

電子回路
受動素子と能動素子の両方が使われている回路。トランジスタ、ダイオード、IC（集積回路）が能動素子に分類される。

電磁気学
電気と磁気のつながりに関する研究・学問。

電磁石
金属製の軸に銅線を巻き付けて作ったコイル。電流が流れると、強い磁場が発生する。

電子部品
回路上で、電流を制御したり何らかの効果を発生するためのもの。たとえば、抵抗器、コンデンサ、トランジスタなどがある。

電池
化学反応により化学エネルギーを電気エネルギーに変換するもの。電池は電子を発生して電流を流す。「セル」とも呼ばれる。

電波
アンテナと呼ばれる金属製の棒から発せられる、目に見えない波。非常に速く移動し、音声などの情報を伝達するために用いられる。

電流
電荷の動き。電子回路では、移動するのはマイナスの電荷を持つ電子。

（従来の）電流
正の電荷の流れを伴う電流。電子回路では、移動するのはマイナスの電荷であるため、電子の流れは（従来の）電流とは逆になる。

電力
1秒ごとに使用される、または生成される電気エネルギーの量。ワット（W）と呼ばれる単位で表す。

銅線

電子回路のさまざまな部分を接続するために使用される、長くて細い金属（通常は銅）。ほとんどの銅線はプラスチック絶縁体で被覆されている。

導体

電流を通す材料。金属は電流を通すが、プラスチックや木材などは通さない。

トランジスタ

スイッチとして機能し電流の流れを制御したり、増幅器として機能する電子部品。

ドリル

木、金属、プラスチックなどの材料に穴を開けるために使われる、強力なモーターの付いた道具。

ドリルビット

ドリルの刃先。ドリルビットにはさまざまなサイズや形があり、穴を開ける材料や大きさ、形状によって使い分ける。

トルク

回転により生じる力。モーターはトルクを発生し、プロペラやドリルビットを回すことができる。

熱収縮チューブ

熱を加えると収縮するプラスチック製のチューブ。金属部品を熱収縮チューブでコーティングすることで、ショート（意図しないところで電気が流れる状態になること）を防止することができる。

バイブレーション

固体を細かく高速で振動させること。振動する物体は音波を生成する。

鋼

鉄に他の元素を混ぜた金属。

発光ダイオード

「LED」の項を参照。

発振

振り子のように2方向に動くものや、その動作のことを指す。

発電機（ジェネレーター）

シャフトの周りに磁石とコイルを配置し、シャフトを回転することで電気を発生する装置。

ハンダ

低い融点で融解する合金（金属の混合物）。ハンダは電気を通すため、電子部品を基板に接続し、固定するために用いられる。

ハンダごて

ハンダを加熱して溶かすための道具。

ピッチ

音程。音の高さ。ピッチは、音を発生するものの振動の周波数によって決まる。

ファラッド（F）

静電容量の単位。

プーリー（滑車）

自由に回転する溝付きのホイール。ロープやチェーンを溝に付ければ、プーリー間で力を伝達できる。

フェライトロッド

フェライトとは鉄が主成分のセラミック化合物で、それを円筒形にしたもの。一部の回路、とくにAMラジオでは、フェライトロッドに銅線を巻き付けたものがアンテナとして使われている。

フォトレジスタ

当たった光の量によって抵抗値が変化する電子部品。フォトセルなどとも呼ばれる。

プラス（＋、正）

陽子によって運ばれる電荷の種類。また、ゼロより大きい値のことも指す。

フレキシブルアーム（サードハンド）

ハンダ付け作業をするときに、クリップなどで基板や部品を固定する道具。

ブレッドボード

ハンダ付けせずに電子回路を簡単に組み立てることができる、金属端子で接続された部品をさす穴を備えたプラスチック製の基板。ユニバーサル基板にも似ているが、ユニバーサル基板はハンダ付けが必要。

プロペラ

回転するときに空気や水を押して流れを発生させる、湾曲したブレード。

並列回路
2つ以上に分岐する電子回路または回路の一部のこと。回路内を移動する各電子は1つの分岐に沿ってしか流れることができないため、電流も分割される。

ペンチ（プライヤー）
2つの金属製アームをヒンジでつないだ形の道具。小さなものをつかむ、電線を曲げる、大きな力で物を押しつぶす、といった作業をするときに使用する。

ボルト（V）
起電力または電圧の単位。

マイナス（−、負）
電子によって運ばれる電荷の種類。また、ゼロ未満の値のことも指す。

無線
ケーブルを使わずに機器どうしを接続する規格やシステムを指す。無線LANは、電波を使用して機器どうしを無線で接続するネットワーク。

モーター
シャフトの周りに磁石とコイルを配置した装置。コイルに電流が流れると、シャフトが回転し回転力が生まれる。

溶剤
物質を溶かすことができる液体。

より線
複数の細い銅線をより合わせて絶縁体で被覆したもの。より線は、単線よりも取り扱いしやすいが、ブレッドボードには接続しにくい。

ラジオ
放送局から送られる電波を受信する装置。ラジオは、電波によって運ばれる音声信号を音声に変換するため、遠くから放送される音を聞くことができる。

リモコン
離れた場所にある機械、おもちゃ、電子回路などを制御することができる、ボタンやつまみなどの操作部品を備えた機器。

ワイヤーカッター
電線を切るための強度を持つ、はさみのような鋭い刃の道具。

ワイヤーストリッパー
電線の端から絶縁体をはがして、中の芯を露出させるための道具。

ワット（W）
電力の単位。

ワニ口クリップ
ワニの口のようなギザギザの歯の付いたバネ付き金属クリップ。電線がハンダ付けされたワニ口クリップケーブルは、電子部品をはさんで接続できるので、容易に電子回路を作ることができる。

訳者あとがき

コンピューターが苦手な人と話していると「私はアナログ人間なので、デジタル機器はダメなんです」とおっしゃいます。世の中には「デジタル＝難しい」「アナログ＝簡単」というイメージが浸透しているようです。

2020年からの小学校におけるプログラミング教育必修化の流れもあって、世間的にはプログラミング教育ブーム。世の大人たちが、子どもたちにプログラミングをやらせたいと考える要因のひとつに、「デジタルは難しい」のイメージがあるのではないかと思います。

私は、長い間電機メーカーで特定の機器専用のソフトウェアを開発する仕事をしていました。その経験で言えば、デジタルよりもアナログの方が圧倒的に難しいです。デジタルの世界はYes/Noがはっきりしているけれど、アナログはそれを自分で決めなければならない難しさがあるのです。

たとえば、ラジオのチューニング。今では周波数がデジタルの数字で表されているものがほとんどで、聴きたい曲の周波数の数字に合わせればきれいな音が流れてきます。しかし、昔のラジオはアナログだったのでダイヤルを回してきれいに聴こえるところを自分で探さなければなりませんでした。50代以上の大人なら、ダイヤルを行ったり来たりさせる経験をしている方も多いでしょう。

今のラジオが使いやすくなっているように、アナログの難しいところをデジタルで包むことで、だれもが使いやすい機器が生まれています。使う人にとっては便利ですが、作る人にとってはとても大変な仕事。私の仕事もとても大変なものでしたが、経験で得られることは多かったですし、その経験はものづくり以外のところにも生きていると実感しています。

大人も子どもも空前のプログラミングブームで「デジタルの世界でのものづくり」をする人が増えている今、次のステップとしてアナログとデジタルをつなぐことのできる人がもっと増えてほしいと思います。そのためには、アナログの世界を知ることが必要。

この本は、そんなアナログの世界の楽しさと難しさを自分で作って体験し、知ることができるよい機会をあたえてくれます。この本を手に取ってくださった方が、アナログの楽しさと難しさを知り、また新しいステップを見つけるきっかけになれればとてもうれしいです。

最後になりましたが、本書をハードウェアエンジニアリングの観点からサポートしてくださった宮口充弘氏に感謝申し上げます。宮口氏は正しいハードウェアの知識を読者に伝えたいという熱意を持って、私の知見の足りない部分を補う以上のサポートをしてくださいました。心から感謝いたします。

若林健一

この本で使う部品や材料が入手できるお店やサイト

[電子部品、ブレッドボードなど]
スイッチサイエンス | https://www.switch-science.com/
共立エレショップ | https://eleshop.jp/shop/
秋月電子通商 | http://akizukidenshi.com/catalog/

[工作材料、手芸用品など]
ユザワヤ | https://www.yuzawaya.co.jp/
ダイソー ※ | https://www.daiso-sangyo.co.jp/
セリア ※ | https://www.seria-group.com/
IKEA（フォトフレーム）| https://www.ikea.com/jp/ja/
Amazon.co.jp（ハーフミラーフィルムなど）| https://www.amazon.co.jp/

・※はネット通販なし
・木材、工具などは、お近くのホームセンターなどでお求めください。
・一部の材料、工具については100円均一ショップで購入できるものもあります。
・専門的な電子部品を使う作例については、この本のWebページで推奨商品を紹介していますので、あわせてご参照ください。
https://www.oreilly.co.jp/books/9784873119243/

○「はじめに」著者

Dr.Lucy Rogers (ルーシー・ロジャース)

楽しいアイデアをたくさん持った発明家。エンジニアであり、英国機械学会 (Institution of Mechanical Engineers) で教育を受けたひとりでもある。テーマパークの恐竜ロボットからアパレルメーカーの小さなマネキン人形まで、そしてサーファーたちに波の高さを知らせるビジュアル波メーターまで、さまざまなアイデアの実現を手がけてきた。また、メイカーコミュニティにおける主要なサポーターであり、「The Guild of Makers」の創立者ででもある。
https://www.guildofmakers.org/about/
https://lucyrogers.com/
https://twitter.com/DrLucyRogers

○ 訳者

若林 健一 (わかばやし けんいち)

パソコンブームだった 1980 年代に初めて買ってもらったパソコン MZ-2000 で BASIC をおぼえ、社会人になってからは電機メーカーでソフトウェア開発を担当したことで、組み込みからウェブまでソフトウェアの世界にどっぷりはまる。現在は、子どもたちとプログラミングを楽しむコミュニティ「CoderDojo」を奈良で運営しており、子どもたちにプログラミングとモノづくりの楽しさを知る場づくりを行っている。最近の関心事は「人」、とくに若い人。若い人が社会に出られるように育成し、若い人たちが幸せに暮らせる社会の地ならしをすることに取り組んでいる。共著に『Scratch でつくる! たのしむ! プログラミング道場』(ソーテック社)、共訳に『mBot でものづくりをはじめよう』(オライリー・ジャパン) がある。

○ 原著謝辞、図版出典

本書の作成にご協力いただきました、下記の方々に感謝申し上げます。

Lee Barnett, Graham Baldwin and Nicola Torode for health and safety advice; Stephen Casey and Paddy Duncan for building, testing, and tweaking the projects; Adam Brackenbury and Steven Crozier for picture retouching; Kelsie Besaw, Alexandra Di Falco, Daksheeta Pattni, Anna Pond, and Samantha Richiardi for testing the projects; Xiao Lin, Anna Pond, Daksheeta Pattni, Melissa Sinclair, and Abi Wright for hand modelling; Emily Frisella for editorial assistance; Shahid Mahmood and Joe Scott for design assistance; Joshua Brookes for the "Circuit organ" project, and Techgenie for permission to use the "Remote-controlled snake" project; Helen Peters for the index; and Victoria Pyke for proofreading.

写真の利用についての許可をいただきました、下記の団体に感謝申し上げます

(Key: a-above; b-below/bottom; c-centre; f-far; l-left; r-right; t-top)
43 Science Photo Library: Royal Institution of Great Britain (bc). 55 Dreamstime.com: Peter Dean (c). 59 Dreamstime.com: Yocamon (clb). 63 Dreamstime.com: Edward Olive (ca). 67 123RF.com: Allan Swart (clb). w73 Dreamstime.com: Dan Van Den Broeke (bc). 79 Alamy Stock Photo: Desintegrator (crb). 83 iStockphoto.com: EvgeniyShkolenko (clb). 89 Alamy Stock Photo: Realimage (tc). 95 Alamy Stock Photo: Tim Savage (clb). 101 Solar Impulse Foundation: (clb). 111 Dreamstime.com: Akiyoko74 (bl). 117 Getty Images: Andrew Lepley / Redferns (bc). 125 Alamy Stock Photo: Newscom (crb). 133 iStockphoto.com: arogant (c). 141 Dreamstime.com: Mrreporter (bc). 142 NASA: NASA, ESA, the Hubble Heritage Team (STScI / AURA), A. Nota (ESA / STScI), and the Westerlund 2 Science Team (cb). 143 NASA: NASA, ESA, STScI, R. Gendler, and the Subaru Telescope (NAOJ) (ca). 144 NASA: NASA, ESA, STScI, R. Gendler, and the Subaru Telescope (NAOJ) (cr). 146 NASA: NASA, ESA, STScI, R. Gendler, and the Subaru Telescope (NAOJ) (tr). 151 Dreamstime.com: Theendup (bc)

All other images (c) Dorling Kindersley

詳細については、こちらのサイトをご覧ください。   https://www.dkimages.com/

エレクトロニクスラボ

もののの仕組みがわかる18の電子工作

2020年10月8日 初版第1刷発行

著者	DK社（ディーケーしゃ）
訳者	若林 健一（わかばやし けんいち）

発行人	ティム・オライリー
デザイン	中西要介（STUDIO PT.）、 根津小春（STUDIO PT.）、寺脇裕子

印刷・製本	日経印刷株式会社

発行所　　　株式会社オライリー・ジャパン
　　　　　　〒160-0002 東京都新宿区四谷坂町12番22号
　　　　　　Tel（03）3356-5227　Fax（03）3356-5263
　　　　　　電子メール japan@oreilly.co.jp

発売元　　　株式会社オーム社
　　　　　　〒101-8460 東京都千代田区神田錦町3-1
　　　　　　Tel（03）3233-0641（代表）Fax（03）3233-3440

Printed in Japan（ISBN 978-4-87311-924-3）